国家生物种质与实验材料资源发展报告

2017—2018

国家科技基础条件平台中心　著

科学技术文献出版社
SCIENTIFIC AND TECHNICAL DOCUMENTATION PRESS
·北京·

图书在版编目（CIP）数据

国家生物种质与实验材料资源发展报告. 2017—2018 / 国家科技基础条件平台中心著. —北京：科学技术文献出版社，2020.10
ISBN 978-7-5189-5731-6

Ⅰ.①中… Ⅱ.①国… Ⅲ.①生物资源—种质资源—研究报告—中国—2017-2018 Ⅳ.①Q-92

中国版本图书馆 CIP 数据核字（2019）第 141165 号

国家生物种质与实验材料资源发展报告2017—2018

策划编辑：周国臻　　　责任编辑：赵　斌　　　责任校对：张吲哚　　　责任出版：张志平

出　版　者	科学技术文献出版社	
地　　　址	北京市复兴路15号　　邮编 100038	
编　务　部	（010）58882938，58882087（传真）	
发　行　部	（010）58882868，58882870（传真）	
邮　购　部	（010）58882873	
官方网址	www.stdp.com.cn	
发　行　者	科学技术文献出版社发行　全国各地新华书店经销	
印　刷　者	北京时尚印佳彩色印刷有限公司	
版　　　次	2020 年 10 月第 1 版　2020 年 10 月第 1 次印刷	
开　　　本	787×1092　1/16	
字　　　数	224千	
印　　　张	13.5	
书　　　号	ISBN 978-7-5189-5731-6	
定　　　价	98.00元	

《国家生物种质与实验材料资源发展报告 2017—2018》

编 写 组

主 任 苏 靖

副主任 王瑞丹 李加洪 孙 命

成 员（按姓氏拼音排序）

包爱民 卞晓翠 陈 方 陈韶红 陈铁梅

陈跃磊 程 苹 仇文颖 邓 菲 范治成

方 沩 高鲁鹏 高孟绪 郝 捷 何明跃

贺争鸣 赫运涛 胡永健 康九红 林富荣

刘 柳 刘玉琴 刘忠民 卢 凡 卢圣贤

卢晓华 马 超 马 旭 马俊才 马克平

马月辉 浦亚斌 乔格侠 石 蕾 孙 冰

覃海宁 田 勇 汪 斌 王 晋 王 磊

王 书 王 祎 魏 强 吴林寰 徐振国

许东惠 严小新 杨湘云 姚一建 岳 琦

曾 艳 张庆合 张瑞福 赵 君 郑 辉

周 桔 周琼琼 周宇光

主 笔 卢 凡 程 苹 马俊才 吴林寰

前　言

　　生物种质和实验材料资源一般指经过长期演化自然形成（如化石、岩矿）或人为改造（包括收集整理、遗传改造等）的重要物质资源，具有战略性、公益性、长期性、积累性和增值性的特点。生物种质和实验材料资源主要包括植物种质资源、动物种质资源、微生物种质资源、人类遗传资源、标本资源和实验材料资源。生物种质和实验材料资源的收集、保存、共享和开发利用等工作是国家科研条件能力建设的重要内容，生物种质和实验材料保藏机构是国家科技基础条件平台建设的重要组成部分。

　　生物种质和实验材料资源是科技创新的重要物质基础，历来是科技资源领域国际竞争和争夺的焦点。世界主要发达国家和新兴国家普遍重视生物种质和实验材料资源的收集、保存、共享和开发利用。2017 年 5 月，美国农业部农业研究服务署（USDA-ARS）发布了国家计划"301"《植物遗传资源、基因组学和遗传改良行动计划 2018—2022》，核心任务是利用植物的遗传潜力帮助美国农业转型，以实现其成为全球植物遗传资源、基因组学和遗传改良领域的领导者的战略愿景。2017 年，英国皇家植物园发布了《世界植物状况》报告，报告由来自 12 个国家的 128 位科学家共同完成，对全球植物多样性、植物所面临的全球性威胁、现有政策及其处理威胁的效力进行了深入的分析。

　　中华人民共和国成立以来，党和国家十分重视生物种质和实验材料资源收集、保存、共享和开发利用工作。中国也是最早签署和批准联合国环境与发展大会《生物多样性公约》的缔约国之一。经过 60 多年的艰苦努力，特别是国家科技基础条件平台建设以来，生物种质资源的收集、保存、共享和开发利用工作取得了长足发展。根据 2018 年度国家科技基础条件资源调查统计，2017 年度我国共有 366 个植物种质资源保藏机构参与调查，其中，155 个资源库保藏植物种质资源 276 万份，211 个圃/园/场，共保藏植物种质资源 710 多万株；89 个动物种质资源保藏机构参与调查，其中，48 个动物种质资源库保藏动物种质资源 116 万份，41 个场/馆/园保藏动物种质资源 17 万份；83 个微生物种质资源保藏

机构参与调查，保藏微生物菌种逾 58 万株；130 个人类生物样本库，保藏实物标本 1319 万份；干细胞资源 1059 株；植物标本 1992 万份、动物标本约 3000 万号、菌物标本 106 万号、各类地学标本 120 万件；实验动物 2885 万只、实验细胞 5300 余株系，遴选并保藏了 1 万多种国家标准物质实物资源，研制了国产科研用试剂 1 万多种。生物种质和实验材料资源的开发利用工作取得积极成效，有力支撑了经济社会创新发展和重大科技创新任务的实施。

"十三五"时期是我国科技发展大有作为的重要战略机遇期。面对科技创新和国民经济发展要求，我们要抓住历史机遇，准确把握需求，不断完善生物种质和实验材料资源保藏机构和平台建设，大力加强资源收集、保存、共享和开发利用工作，有效支撑服务重大科技创新任务，充分发挥生物种质和实验材料资源对科技、经济和社会发展的重要支撑保障作用。

《国家生物种质与实验材料资源发展报告 2017—2018》由国家科技基础条件平台中心牵头，以国家科技资源基础调查数据为本底，在编写过程中得到了生物种质和实验材料领域国家科技资源共享服务平台、中国科学院科技促进发展局及相关领域专家的大力支持，得以最终成稿。由于时间和水平有限，内容难免出现错误和疏漏，恳请国内外同行专家和读者不吝指正！

《国家生物种质与实验材料资源发展报告 2017—2018》 编写组

目　录

第 1 章
概　述

　　生物种质和实验材料资源是科研工作的基本材料，对于人类社会的生存与发展不可或缺，为人类社会科技与生产活动提供基础材料，为科技创新与经济发展发挥重要支撑作用。生物种质和实验材料资源主要包括植物种质资源、动物种质资源、微生物种质资源、人类遗传资源、标本资源和实验材料资源。

　　我国近年在生物种质和实验材料资源的收集、保存、共享和开发利用等方面也取得了长足进步，有效地推动了国家科技基础条件资源的能力建设和服务支撑。

1.1 生物种质和实验材料资源具有重要战略意义

生物种质和实验材料资源是科研工作的基本材料，一般是指经过长期演化自然形成及人为改造的重要物质资源，对于人类社会的生存与发展不可或缺，为人类社会科技与生产活动提供基础材料，在科技创新与经济发展中发挥重要支撑作用。生物种质和实验材料资源主要包括植物种质资源、动物种质资源、微生物种质资源、人类遗传资源、标本资源和实验材料资源。

生物种质和实验材料资源种类繁多，涉及领域广泛，大多是国家重要的战略性、基础性资源，是国家经济和社会可持续发展必不可少的条件之一。加强生物种质和实验材料资源的管理与研发，促进生物种质和实验材料资源的共享与利用，对于维护国家生物资源主权与安全、增强国家资源保障与服务能力、提升科学和技术研发自主创新能力、推进国民经济和社会发展具有重要的战略价值和现实意义，将直接影响到国家未来的经济发展潜力和社会可持续发展水平。

生物种质和实验材料资源对保护生物多样性、维护生态文明具有重要保障作用。我国是《生物多样性公约》的缔约国之一。1992 年，联合国环境与发展大会通过的《生物多样性公约》明确指出：生物资源是指对人类具有实际或潜在用途及价值的遗传资源、生物体或其部分、生物群体或生态系统中任何其他生物组成部分，最好在遗传资源的原产国建立和维持迁地保护及研究的设施。《生物多样性公约》对于"遗传资源的原产国"和"提供遗传资源的国家"进行了界定，并且申明"各国对自己的生物资源拥有主权权利"。遗传资源获取与惠益分享是《生物多样性公约》的核心议题之一，其谈判始于 1998 年，并于 2010 年在日本名古屋达成了《名古屋议定书》（*Nagoya Protocol*），并于 2014 年正式生效。我国于 2016 年正式成为《名古屋议定书》缔约方。

生物种质和实验材料资源应用广泛，在科技创新中发挥着引领和先导作用。在全球生态环境渐趋恶化、生物种质资源急剧减少的形势下，生物种质资源已被世界各国视为重要的创新源头资源。随着全球经济走向多极化格局，科技快速演进、颠覆性创新，生物种质和实验材料资源的研发与利用已经成为国际科技竞争的新赛场。世界主要发达国家和新兴国家都普遍重视生物种质和实验材料资源的收集、保存、共享和开发利用，部署并长期开展了大量工作。我国近年在生物种质和实验材料资源的保藏管理、研究开发和共享利用等方面也取得了长足进步，有效地推动了国家科技基础条件资源的能力建设和服务支撑。

1.2　生物种质和实验材料资源管理体系日趋完善

我国高度重视资源建设，通过科技基础性工作专项、科技支撑计划等支持了生物种质和实验材料资源的采集和研制工作，"十三五"规划纲要也强调要开展植物种质资源、植物多样性调查，开展植物资源的采集、分离、保存、鉴定、数字化表达、分子识别等基础性工作及相关的共性技术研究。科技部、农业部、卫生部、国家质检总局、国家林业局、国家海洋局等部门通过行业专项资金支持了生物种质和实验材料的研制和采集工作。

2003 年，为加强科技创新基础能力建设，推动我国科技资源的整合共享与高效利用，改变我国科技基础条件建设多头管理、分散投入的状况，减少科技资源低水平重复和浪费，打破科技资源条块分割、部门封闭、信息滞留和数据垄断的格局，科技部、财政部贯彻"整合、共享、完善、提高"的方针，组织开展了国家科技基础条件共享服务平台（以下简称"科技共享服务平台"）建设工作。2018 年 2 月，为深入实施创新驱动发展战略，规范管理国家科技资源共享服务平台，推进科技资源向社会开放共享，科技部、财政部印发《国家科技资源共享服务平台管理办法》。此外，国务院办公厅印发《科学数据管理办法》，对生物种质和实验材料资源等数据的规范管理具有重要的指导意义。基于信息网络技术的科技资源共享体系初步形成，科技资源开放共享的理念得到广泛认同，科技资源得到有效配置，通过系统优化使资源利用率大大提高。

我国资源管理逐步实现法制化。作为《生物多样性公约》的缔约国之一，我国积极响应公约的战略部署，先后制订了《中国植物保护战略》《中国生物多样性保护战略与行动计划（2011—2030 年)》作为我国植物保护工作的行动纲领，推进生物遗传资源及相关传统知识惠益共享，再加上 2016 年正式加入《名古屋议定书》，标志着我国生物产业进入惠益共享时代。在法律体系建设方面，2007 年修订的《科学技术进步法》从政府和科技资源管理单位的权利、义务和责任等多个方面对科技资源建设和共享利用做出了明确规定。在生物种质资源领域，《野生动物保护法》《种子法》《计量法》等法律法规进一步规范和完善了生物种质资源的管理与利用工作；各部门围绕科技平台建设和科技资源管理与利用，制定了相关管理规范，包括农业部制定的《农作物种质资源管理办法》，环保部发布的《野生植物保护条例》《生物遗传资源经济价值评价技术规范》《植物新品种保护条例实施细则》等。在实验动物领域，1988 年我国颁布了第一部行政法规《实验动物管理条例》，此后，科技部相继出台了《实验动物质量管理办法》《国家实验动物种子中心管理办法》《实验动物许可证管理办法（试行）》《善待实验动物的指导性意见》等多项政策办法，建立了全国统一的实验动物许可证管理制度。1998 年 6 月 10 日，我国出台了《人类遗传资源管理暂行办法》。2006 年，科技部会同卫生部等开展了人类遗传资源管理条例的起草制定工作，并分别于 2012 年 10 月和 2016 年 2 月面向社会公开征求意见。2019 年 6 月，国务院印发《中华人民共和国人类遗传资源管理条例》，我国遗传资源保护也翻开了立法新篇章。此外，为了适应新时期、新形势，我国还修改了一系列法律法规，如《中华人民共和国植物新品种保护条例（2014 修订）》《中华人民共和国野生动物保护法（2016 年修订本）》《中华人民共和国种子法（2015 年最新修正版）》等。

1.3　生物种质和实验材料资源保障能力显著提升

我国目前收集保藏并研制了相当规模的生物种质和实验材料资源，建立了生物种质和实验材料资源保藏和共享体系，科技资源专业化管理能力建设不断加强。其中，保藏农作物种质资源 49 万份、各类林木种质资源 20 万份、野生植物种质资源 14 031 种；活体畜禽动物 836 种（配套系、遗传资源）；微生物资源 80 万株，9 家主要保藏机构的库藏菌种资源总量达 23 万株；人类生物样本库 130 个、实物标本 1319 万份、干细胞资源 1059 株；植物标本 1992 万份、动物标本约 3000 万号、菌物标本 106 万号、各类地学标本 120 万件；实验动物 2885 万只、实验细胞逾 5300 株系、国家标准物质实物资源 1 万多种、研制国产科研用试剂 1 万多种，均居世界前列。

近年来，为了促进生物资源的保藏，我国不断加大生物种质和实验材料资源保藏机构的建设力度，并取得了重要的成就。我国已建成国家级农作物种质长期库 1 座、复份库 1 座、中期库 10 座、种质资源圃 60 个、原生境保护点 205 个、林木种质资源保存综合库 20 余个；水产动物原种场 90 个、国家级畜禽动物基因库6个、家养动物种质资源长期保存库1个、保种场189个；国家级微生物菌种保藏中心9个、其他微生物菌种保藏机构80个左右。此外，还有收藏量50万以上的标本馆17个，以及一些实验细胞保藏中心。

近年来，我国在生物种质和实验材料资源相关基础设施建设方面取得重要突破。2018年1月，我国首个国家生物安全（四级）实验室（P4实验室）正式投入运行。2018年8月，我国首家实验动物机构（中国科学院昆明动物研究所）获得CNAS认可。我国在生物种质和实验材料资源基础设施建设方面取得重要突破。

1.4 生物种质和实验材料资源研发不断取得突破

近年来，我国研究人员在生物种质和实验材料资源认知、研究与利用领域取得多项突破，在实验动物、科研用试剂等实验材料的研发方面取得一系列重要成果，生物种质和实验材料资源的共享与利用水平不断提升。

（1）动植物基因组测序

近年来，得益于新型的测序技术，许多动植物收获了基因组或更优质的基因组信息，这些工作有助于生物多样性研究和育种保护，中国科学家在此领域做出了杰出的贡献。2018年5月，中国科学院遗传与发育生物学研究所研究人员在 *Nature* 期刊发文，通过构建A基因组BAC文库和BAC测序，结合全基因组PacBio测序及最新物理图谱构建技术，最终完成了乌拉尔图小麦材料G1812的基因组测序和精细组装，绘制出了小麦A基因组7条染色体的分子图谱。该研究有利于发现赋予小麦遗传改良重要特性的基因，有助于应对全球粮食安全和可持续农业的未来挑战。2018年5月，由华大海洋和国家基因库联合发起的"千种鱼类转录组"（Fish-T1K）项目正式宣布构建了迄今为止最可靠的鱼类系统演化树。2018年8月，西安交通大学叶凯教授团队、英国约克大学、英国桑格尔研究所合作首次公布罂粟的高质量全基因组序列，阐明吗啡类生物碱、合成基因簇的进化历史，不仅对开发分子植物育种工具、培育新品种大有裨益，更对工业合成中选择性提高具有不同药效的生物碱产量具有重大指导意义。

（2）人工驯化、精准育种

2018年10月，中国科学院遗传与发育生物学研究所分别运用基因编辑技术精准靶向多个产量和品质性状控制基因的编码区及调控区，加速了野生植物的

人工驯化；构建新的单碱基编辑系统 A3A-PBE，成功在小麦、水稻及马铃薯中实现高效的 C-T 单碱基编辑。其中，许操研究组和高彩霞研究组合作，首次通过基因编辑实现野生植物的快速驯化，为精准设计和创造全新作物提供了新的策略。高彩霞研究组在前期研究基础上利用 Cas9 变体（nCas9-D10A）融合人类胞嘧啶脱氨酶 APOBEC3A（A3A）和尿嘧啶糖基化酶（UGI），构成新的单碱基编辑系统 A3A-PBE，成功在小麦、水稻及马铃薯中实现高效的 C-T 单碱基编辑。该体系的建立对实现植物基因组大规模体内饱和突变，研究植物基因功能及基因调控元件作用等提供了重要的技术支撑。

（3）人造单染色体真核细胞

2018 年 8 月，*Nature* 在线发表了中国科学院分子植物科学卓越创新中心/植物生理生态研究所合成生物学重点实验室覃重军研究团队及其合作者酵母染色体融合的成果，在国际上首次人工创建了单条染色体的真核细胞。该项工作表明，天然复杂的生命体系可以通过人工干预变简约，自然生命的界限可以被人为打破，甚至可以人工创造全新的自然界不存在的生命。合成酵母作为一个新的研究平台，对于增进对染色体重组、复制和分离机制的解析具有重要的意义。

（4）体细胞克隆猴

2017 年 11 月 27 日，中国科学院神经科学研究所、脑科学与智能技术卓越创新中心的非人灵长类平台成功诞生全球首个体细胞克隆猴"中中"，标志着我国成为国际上第一个完成非人灵长类动物体细胞克隆的国家，由此，我国在非人灵长类研究领域实现了从国际"并跑"向"领跑"的转变。12 月 5 日，第二个体细胞克隆猴"华华"诞生。2019 年 1 月，该中心研究团队首次利用 CRISPR/Cas9 方法，敲除猴胚胎中的生物节律核心基因 BMAL1，产生了一批 BMAL1 缺失的猕猴。该成果在我国英文期刊《国家科学评论》以封面文章形式发表。

（5）天然药物研发

由中国海洋大学、中国科学院上海药物研究所和上海绿谷制药联合研发的治疗阿尔茨海默病新药"甘露寡糖二酸（GV-971）"顺利完成临床 3 期试验，具有显著统计学意义和临床意义。目前，该研究团队正在打造中国"蓝色药库"。迄今为止，全球仅有 13 个海洋新药上市。

（撰稿专家：卢凡、程苹、周桔、曾艳、马俊才、吴林寰、陈方、刘柳）

质资源的优异特性开展种质创新，一方面通过利用父本群体（iodent）的基础种质所具有的籽粒快速灌浆和快速脱水的有利性状，创制出以 PH207 为代表的新种质群体，其不仅与母本群体（SS 和 NSS 类群）都有很强的配合力，成为新的杂种优势类群，也满足了适于机械化收获的生产需求；另一方面，在母本群体（SS 类群）改良上，艾奥瓦州立大学通过引入阿根廷温带玉米种质 *Maiz Amargo*，利用其根系强壮、茎秆坚硬且天然抗虫等优良性状，培育了耐密植抗倒伏的创新种质 B96，从而使得母本群体与父本群体各自形成适宜机械化作业和耐密植高产玉米遗传基础群体，这不仅大大丰富了玉米育种的群体基础，也为温带玉米高产育种做出了巨大贡献。

2.1.1.3　植物种质资源国内建设情况

截至 2017 年年底，全国共有 366 个植物种质资源保藏机构参与 2018 年度国家科技基础条件资源调查，其中，90 个保藏机构隶属于中央级单位，276 个保藏机构隶属于地方单位。隶属于中央级单位的 90 个保藏机构中，有 38 个隶属于农业部、19 个隶属于国家林业和草原局、14 个隶属于教育部、12 个隶属于中国科学院、5 个隶属于国家卫生健康委员会、1 个隶属于国家民族事务委员会、1 个隶属于国务院侨务办公室（图 2 - 2）。

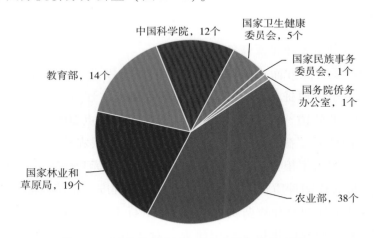

图 2 - 2　植物种质资源中央级保藏机构分布情况

参与资源调查的保藏机构中，155 个资源库共保藏植物种质资源 276 万份，其中主要的 8 家机构，保藏植物种质资源总量达 1 281 539 份（表 2 - 1）；211 个圃/园/场，共保藏植物种质资源 7 108 982 份。

表 2 - 1　8 家主要植物种质资源保藏机构情况

序号	保藏机构名称	依托单位	上级主管部门	保藏植物种质资源总数/份	单位所在省市
1	国家作物种质库	中国农业科学院作物科学研究所	农业部	428 107	北京
2	国家农作物种质保存中心	中国农业科学院作物科学研究所	农业部	264 314	北京
3	上海市农业生物基因中心基因资源库	上海市农业生物基因中心	上海市农业委员会	223 000	上海
4	中国西南野生生物种质资源库	中国科学院昆明植物研究所	中国科学院	145 363	云南
5	国家水稻种质中期库	中国农业科学院中国水稻研究所	农业部	78 968	浙江
6	山西省种质库	山西省农业科学院农作物品种资源研究所	山西省农业科学院	72 125	山西
7	国家油料作物种质中期库	中国农业科学院油料作物研究所	农业部	35 569	湖北
8	国家蔬菜种质中期库	中国农业科学院蔬菜花卉研究所	农业部	34 093	北京
合计				1 281 539	

（1）农作物种质资源保藏情况

在农作物种质资源方面，中华人民共和国成立以来，我国先后开展了 3 次全国性农作物种质资源征集及多次专项考察收集，并建立了包括长期库 1 个、复份库 1 个、中期库 10 个、种质圃 60 个和原生境保护点 205 个在内的国家农作物种质资源保护体系。截至 2017 年年底，我国共保藏农作物种质资源 350 类 49.1 万份。我国提出了粮食和农业植物遗传资源概念范畴和层次结构理论，明确了我国 110 种农作物种质资源的分布规律和富集程度，系统研制了 125 类农作物遗传资源性状描述规范和数据质量控制规范等标准规范 400 个；率先开展了遗传资源表型与基因型规模化精准鉴定研究，对 2 万余份遗传资源进行了精准鉴定，筛选出一批高产、优质和抗逆性强的种质资源，对部分特异资源进行了基因组测序与功能基因研究；开展了种质资源创新研究，利用多样化地方品种和野生近缘种中的优异特性，创制了一批新材料；建成国家农作物种质资源共享服务平台，年共享分发种质资源达 15 万余份次。

为贯彻落实《全国农作物种质资源保护与利用中长期发展规划（2015—

2030）》，在财政部支持下，农业部于 2015 年启动了"第三次全国农作物种质资源普查与收集行动"，计划利用 5～6 年时间，对全国 2228 个农业县进行农作物种质资源全面普查，对其中 665 个县的农作物种质资源进行抢救性收集。截至 2017 年年底，已开展了湖北、湖南、广西、重庆、江苏、广东、浙江、福建、江西、海南 10 个省（区、市）的普查征集和调查收集工作，共完成 623 个县的全面普查和 117 个县的系统调查，征集和收集各类农作物种质资源 29 763 份。

2017 年，新收集引进水稻、小麦、玉米、大豆、棉花、油料、糖类、茶叶、烟草、蔬菜和水果等农作物种质资源共计 11 230 份，新收集引进资源经初步样本处理、试种观察（引进材料需隔离试种检疫）、植物学分类鉴定并去除重复后，已分别保藏于中期库或种质圃。在国内资源的收集方面，注重对作物野生近缘种、边远山区、少数民族地区的地方品种、新育成优良品种及特色种质资源的收集，新收集到花花豆、火罐柿、箢菜、野藜蒿、竹稻、御田胭脂米等一批具有重要利用价值的古老、珍稀、特有地方品种和作物野生近缘植物种质资源。新资源的收集引进，极大地丰富了我国库存种质资源的遗传多样性。

2017 年，有水稻、小麦等 35 种作物共 11 379 份资源入国家作物种质库保存，国家作物种质库长期保存份数达到 426 634 份；此外 1461 份资源入国家作物种质圃长期保存，圃位保存份数合计 64 493 份（表 2－2）。截至 2017 年 12 月，我国农作物种质资源长期保藏总量达到 491 127 份。

表 2－2 国家作物种质圃保藏资源统计

序号	种质圃名称	作物名称	保藏数量/份	物种数/种
1	国家果树种质桃、草莓圃（北京）	桃	535	6
		草莓	405	7
2	国家果树种质枣、葡萄圃（太谷）	枣	783	2
		葡萄	619	14
3	国家果树种质梨、苹果圃（兴城）	梨	1169	14
		苹果	1161	24
4	国家果树种质山楂圃（沈阳）	山楂	380	19
		榛	155	4
5	国家果树种质李杏圃（熊岳）	杏	851	10
		李	719	10

续表

序号	种质圃名称	作物名称	保藏数量/份	物种数/种
6	国家果树种质寒地果树圃 （公主岭）	苹果	452	12
		梨	239	4
		李	157	5
		杏	80	3
		山楂	43	4
		穗醋栗	93	11
		树莓	58	8
		沙棘	53	1
		越橘	30	5
		蓝靛果	30	4
		草莓	30	8
		葡萄	20	4
		猕猴桃	25	3
		野生果树	70	18
7	国家果树种质山葡萄圃（左家山）	山葡萄	410	2
8	国家马铃薯种质试管苗库（克山）	马铃薯	2344	1
9	国家甘薯种质试管苗库（徐州）	甘薯	1229	16
10	国家桑树种质圃（镇江）	桑树	2319	16
11	国家果树种质桃、草莓圃（南京）	桃	674	6
		草莓	376	15
12	国家果梅、杨梅种质圃（南京）	果梅	50	1
		杨梅	40	0
13	国家茶树种质圃（杭州）	茶树	2246	7
14	国家果树种质龙眼、枇杷圃（福州）	龙眼	343	2
		枇杷	628	15
15	国家红萍种质圃（福州）	红萍	513	7
16	国家果树种质核桃、板栗圃（泰安）	核桃	427	10
		板栗	376	8
17	国家果树种质葡萄、桃圃（郑州）	桃	885	7
		葡萄	1301	28
18	国家水生蔬菜种质圃（武汉）	莲	585	2
		茭白	220	1
		芋	387	6

续表

序号	种质圃名称	作物名称	保藏数量/份	物种数/种
18	国家水生蔬菜种质圃（武汉）	蕹菜	68	1
		水芹	170	2
		荸荠	131	1
		菱	121	11
		莼菜	7	1
		豆瓣菜	16	1
		慈姑	113	5
		芡实	20	1
		蒲菜	46	2
19	国家果树种质猕猴桃圃（武汉）	猕猴桃	1209	61
		三叶木通	136	2
		泡泡果	30	0
20	国家野生花生种质圃（武昌）	野生花生	330	44
21	国家果树种质砂梨圃（武昌）	梨	1055	8
22	国家苎麻种质圃（长沙）	苎麻	2058	18（9）
23	国家野生稻种质圃（广州）	野生稻	5118	20
24	国家果树种质香蕉、荔枝圃（广州）	荔枝	316	1
		香蕉	315	8
25	国家甘薯种质圃（广州）	甘薯	1352	1
26	国家野生稻种质圃（南宁）	野生稻	5910	21
27	国家果树种质柑橘圃（重庆）	柑橘	1562	80
28	国家果树种质云南特有果树及砧木圃（昆明）	猕猴桃	220	38
		梨	174	7
		苹果	144	14
		梅	65	5
		桃	74	6
		枇杷	46	9
		悬钩子	43	14
		葡萄	43	9
		草莓	39	6
		移依	28	2
		樱桃	37	5
		李	92	2
		杨梅	17	3

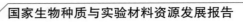

续表

序号	种质圃名称	作物名称	保藏数量/份	物种数/种
28	国家果树种质云南特有果树及砧木圃（昆明）	山楂	25	4
		木瓜	14	3
		柿	13	3
		无花果	10	2
		木通	10	3
		芭蕉	12	3
		柑橘	23	10
		枸子	10	3
		杏	18	2
		牛筋条	13	1
		榅桲	8	1
		火棘	9	2
		板栗	6	2
		四照花	5	1
		越橘	5	3
		枳	6	2
		买麻藤	2	2
		枳椇	2	1
		沙棘	1	1
		西番莲	2	1
		蔷薇	2	1
29	国家甘蔗种质圃（开远）	甘蔗	2795	16
30	国家大叶茶树种质圃（西双版纳）	茶树	1685	7
31	国家果树种质柿圃（杨凌）	柿	797	9
32	国家果树种质轮台名特果树及砧木圃（轮台）	扁桃	55	1
		榅桲	3	1
		无花果	4	1
		石榴	20	1
		樱桃	22	3
		梨	148	5
		苹果	201	5
		桃	22	3

续表

序号	种质圃名称	作物名称	保藏数量/份	物种数/种
32	国家果树种质轮台名特果树及砧木圃（轮台）	李	54	3
		杏	184	4
		山楂	5	1
		核桃	43	2
		葡萄	45	2
33	国家野生苹果种质圃（伊犁）	野生苹果	160	1
34	国家野生棉种质圃（三亚）	野生棉	799	43
35	国家橡胶树种质圃（儋州）	橡胶树	6170	6
36	国家木薯种质圃（儋州）	木薯	666	0
37	国家热带牧草种质圃（儋州）	热带牧草	357	45
38	国家热带棕榈种质圃（文昌）	油棕	195	1
		椰子	79	1
		槟榔	77	1
39	国家热带香料饮料种质圃（兴隆）	胡椒	178	59
		咖啡	134	3
		香草兰	36	6
		可可	126	4
40	国家热带果树种质圃（湛江）	杧果	237	4
		澳洲坚果	141	2
		菠萝	133	1
		番荔枝	6	6
		番石榴	24	2
		莲雾	15	2
		油梨	32	1
		毛叶枣	20	1
		阳桃	22	1
		荔枝	97	2
		龙眼	91	1
		香蕉	103	5
		其他	184	28

续表

序号	种质圃名称	作物名称	保藏数量/份	物种数/种
41	国家小麦野生近缘植物圃（廊坊）	小麦野生近缘植物	1831	39
42	国家无性繁殖及多年生蔬菜种质圃（北京）	无性繁殖蔬菜	1100	102
43	国家多年生牧草种质圃（呼和浩特）	牧草	586	110
	合计		64 493	—

（2）林木种质资源国内保藏情况

我国是世界木本植物资源最丰富的国家之一，拥有乔木和灌木 115 科 302 属 8000 余种。北半球重要的森林树种松柏类植物共 32 属 396 种，我国就有 23 属 130 余种，占全部属数的 71.9% 和种数的 32.9%。我国森林的重要经济树种有 1000 多种，其中有不少珍贵优良材用树种；灌木种类分布更广，有 5000 种以上。

我国的林木种质资源保存有异地保存、原地保存和设施保存 3 种方式，设施保存相对较弱，而在异地保存和原地保存方面已经建立了较为完善的系统。

我国异地保存采用集中与适度分布相结合，截至 2017 年，我国各研究单位、大专院校共建设林木种质资源保存综合库点 20 余处，国家级林木种质资源库 99 处、国家级重点林木良种基地 294 处，以及各类植物园/树木园等展示库 160 多处，累计保存林木种质资源 20 余万份。上述异地保存库为高效整理、整合我国林木种质资源创造了有利条件，并对我国林木种质资源进行了分步、有序的保存，为开展可持续利用研究奠定了良好基础。

在原地保存方面，自 1956 年建立第一处自然保护区以来，我国林木种质资源原地保存取得了很大进展。我国已基本形成类型比较齐全、布局基本合理、功能相对完善的原生境保护体系。中国林木种质资源原地保存体系包括以自然保护区为代表的区域保存、以原地保存林为代表的群体保存和以古树为代表的个体保存 3 种类型。

截至 2017 年年底，我国林业类的自然保护区 2249 处，总面积 1.3 亿 hm²，占国土面积的 13.1%，国家级自然保护区总数达 375 处。全国超过 90% 的陆地自然生态系统都建有代表性的自然保护区，89% 的国家重点保护野生动植物种类及大多数重要自然遗迹在自然保护区内得到保护，部分珍稀濒危物种野外种群逐步恢复。全国共建立森林公园 3505 处（不含广东镇级森林公园、重庆社区森林公园和宁夏市民休闲公园），规划总面积 2028.19 万 hm²。其中，国家级森林公园 881 处、国家级森林旅游区 1 处，面积 1441.05 万 hm²；省级森林公园 1447 处，面积 448.14 万 hm²；县（市）级森林公园 1176 处，面积 139 万 hm²。

建立了国家级与省级风景名胜区共 1000 余处，总面积 2176 万 hm²。同时，国家湿地公园内的部分林木种质资源也得到相应保护。

原地保存林保护的主要对象为种内濒危或渐危群体，以树种内群体样本为保存单元。我国制定了《林木种质资源原地保存林设置与调查技术规程》等技术标准，在标准中对原地保存林树种与群体的选择、样地面积、调查观测指标、样品采集及后续保护措施等做了详细规定。自 2003 年开始，国家林木种质资源平台在部分省（区）设置了白皮松、崖柏、四合木等 40 多个树种的以群体为保存单元的原地保存林共 51 处，每处面积为 3～10 hm²，对林分和有效个体分别进行调查、拍摄照片、采种、挂牌保护和跟踪调查。截至 2017 年，我国在 18 个省建立了 60 多个树种的原地保存林和天然采种林群体。

目前，除自然保护区、森林公园、东北和西南两大国有林区外，我国共有古树名木 285.3 万株，其中，古树 284.7 万株，占总量的 99.8%；名木 5758 株，占 0.2%。按照全国古树分级标准，国家一级古树（树龄≥500 年）5.1 万株，占全国古树总量的 1.8%；国家二级古树（200 年≤树龄＜500 年）104.3 万株，占 36.6%；国家三级古树（100 年≤树龄＜200 年）175.3 万株，占 61.6%。在进行古树名木普查的基础上，建立了国家级古树名木数据库、图片库，开发了古树名木管理软件，建成了全国古树名木保护管理信息网络。

国家林木种质资源平台自 2003 开始试点建设，2011 年通过科技部、财政部共同认定（国科发计〔2011〕572 号）。平台由全国从事林木种质资源收集、保存、研究、利用和平台网络建设的 70 多个参加单位组成，包括中国林业科学研究院下属 9 个研究所（中心）、国际竹藤网络中心、10 个省级林业科学研究院、5 个省级林木种苗管理站、8 所农林院校、12 个国家级自然保护区管理局、12 个市县级林业科学研究所（种苗站、推广站、繁育中心）、14 个国有林场和林木良种基地、4 个植物园，目前正通过行业管理部门对 294 处国家级林木良种基地、99 处国家林木种质资源库、全国林木种质资源普查数据进行整合，整合范围包括科研、管理、教学、生产等机构。截至 2017 年年底，国家林木种质资源平台标准化整理的资源共 204 科 866 属 2256 种，基本涵盖用材树种、经济树种、生态树种、珍稀濒危树种、木本花卉、竹、藤等林木种类。各类资源总量达 8.5 万份（表 2 - 3），以异地保存为主，保存林（圃）面积超过 1 万亩[①]。

---

① 根据来源资料及方便后文数据统计计算，本书部分数据沿用传统面积单位：亩。

表 2-3　国家林木种质资源平台各保存机构保存种质资源统计

科名	份数	科名	份数	科名	份数
松科	21 096	银杏科	978	槭树科	253
杨柳科	5949	马鞭草科	948	蓼科	248
蔷薇科	5867	兰科	864	胡颓子科	244
桃金娘科	4897	豆科	849	木麻黄科	243
杉科	4480	楝科	813	藜科	233
樟科	2113	金缕梅科	778	苦木科	212
山茶科	2048	杜鹃花科	615	桑科	201
桦木科	2010	胡桃科	591	唇形科	197
蝶形花科	1858	菊科	576	柿科	190
壳斗科	1685	玄参科	476	忍冬科	186
禾本科	1610	百合科	424	山茱萸科	176
柏科	1419	芸香科	379	省藤亚科	170
茄科	1415	红豆杉科	367	漆树科	169
木犀科	1410	无患子科	349	莎草科	152
芍药科	1251	含羞草科	338	大风子科	133
鼠李科	1199	苏木科	311	杜英科	124
榆科	1147	紫葳科	290	蒺藜科	112
大戟科	1103	茜草科	286	十字花科	111
木兰科	1091	毛茛科	263	木通科	105
杜仲科	986	藤黄科	259	其他 （小于 100 份的科）	6301
合计：85 148					

（3）野生植物种质资源国内保藏情况

我国在已建成的林木种质资源保存库、各类植物园、树木园等展示库的基础上，根据国际生物资源收集与保存的最新发展趋势，结合生物技术、分子生物学和基因组学等新兴学科和技术，加强对与全球变化、大健康产业等全球热点相关的生物种质资源的前瞻性布局和战略性收集与保存，建成了以种子为主要实物资源，以 DNA 条形码、基因组及其相关技术为数据资源和技术支撑的野生植物种质资源收集、保藏、研究和挖掘利用体系，资源的收集与保存主要以种子库、DNA 库和植物离体库等实体库的方式实现。

国家重要野生植物种质资源共享服务平台 2017 年通过科技部、财政部的考核和认定（国科发基〔2017〕24 号），正式纳入国家科技基础条件平台体系。

该平台依托中国科学院昆明植物研究所建设和运行，以中国科学院重大科技基础设施——中国西南野生生物种质资源库为主体，在全国范围内吸纳从事野生植物种质资源收集与保存的相关单位，围绕国家战略需求持续开展重要野生植物种质资源的标准化收集、整理、保存工作；开展野生植物种质资源的社会共享，面向各类科技创新活动提供公共服务，开展科学普及，根据创新需求整合资源开展定制服务；建设和维护在线服务系统，开展野生植物种质资源管理与共享服务应用技术研究；建立健全国家平台科技资源质量控制体系，保证科技资源的准确性和可用性。目前，国家重要野生植物种质资源共享服务平台由全国长期从野生植物种质资源收集、保存、研究和利用的 10 个单位组成，包括中国科学院下属 5 个研究所和植物园、5 个省部级野生植物种质资源库/种子库/资源中心。截至 2017 年年底，平台以我国的珍稀濒危物种、特有物种和具有重要经济价值的物种为主要收集目标，已标准化整理的野生植物种质资源共 276 科 2452 属 14 031 种，其中，野生植物种子 9.5 万份、植物 DNA 材料 13.5 万份、离体培养物 2.7 万份（表 2 - 4），并已建成相关的共享服务平台（http：//seed.iflora.cn），初步实现了实物资源和相关技术的在线申请和数据资源的网络共享服务。

表 2 - 4 国家重要野生植物种质资源共享服务平台各保存机构保藏种质资源统计

单位	保藏资源类型					
	种子		DNA 材料		离体培养物	
	种数	份数	种数	份数	种数	份数
中国科学院昆明植物研究所	9837	74 738	5642	49 815	1850	20 810
成都中医药大学	3397	15 065	296	1580	40	40
中国科学院武汉植物园	1189	2189	4000	32 812	100	2600
上海辰山植物园	1050	1300	5000	32 670	—	—
中国科学院植物研究所	687	757	3613	7073	820	3800
西藏自治区高原生物研究所	547	975	756	2722	23	23
中国科学院西双版纳热带植物园	245	334	—	—	—	—
山东林木种质资源中心	110	240	110	240	13	22
云南省林业科学院	104	180	246	4974	—	—
中国科学院华南植物园	—	—	1021	3876	—	—

2.1.1.4 植物种质资源国内外保藏情况对比分析

（1）我国植物种质资源及其知识产权保护的法律法规体系尚待完善

随着发展中国家对作物种质资源战略地位认识的不断提高，严格保护本国作物种质资源的法律法规相继颁布。作物种质资源丰富的巴西制定了《遗传资源获取法》和《生物多样性和遗传资源保护暂行条例》，印度制定了《生物多样性法》和《植物品种保护和农民权利法案》。美国、日本、欧盟等国家和地区制定了更为严格的种质资源及其知识产权保护的法律法规。联合国粮农组织也制定实施了《国际植物遗传资源条约》《粮食和农业植物遗传资源国际条约》《国际植物新品种保护公约》《材料转移标准协议》等法律法规，将世界各国间作物种质资源获取与利益分享纳入依法管理的框架下。世界各国制定的种质资源及其知识产权保护法律法规体系，在促进种质资源保护与有效利用方面发挥了重要作用。

（2）我国种质资源收集与保存量位居世界前列，但物种多样性亟须提高

在物种多样性方面，我国收集与保存的物种种类和数量与国际上很多国家相比均存在较大差距。

我国种植的小麦、玉米、马铃薯、油菜等62%以上的农作物物种起源于国外。IR系列水稻资源、1B/1R小麦资源、Mo_17玉米资源及一系列蔬菜和果树等国外种质资源，在我国农作物育种与产业发展中发挥了极为重要的作用。近年来，随着我国在水稻、小麦、棉花、油菜等主要农作物自主创新能力方面不断提高，已摆脱了依赖国外种质资源的窘境。但是，我国在玉米、高端果品和蔬菜等农作物育种与产业发展方面，很大程度上还在依赖于国外种质资源。

（3）我国鉴定评价相对系统，但在围绕育种需求与产业发展的联合鉴定及其有效利用方面亟待加强

我国在农作物种质资源基本农艺性状、品质、抗病虫、抗逆等表型鉴定评价方面相对系统。在基因型鉴定领域，我国在世界处于并跑地位。迄今为止，我国已完成2.3万余份农作物种质资源的基因型鉴定。在深度遗传研究和新基因鉴定方面，我国起源作物和部分研究优势作物，如水稻、小麦、谷子、大豆、西瓜、黄瓜等均处于世界领跑地位。最近，中国农业科学院作物科学研究所开发了小麦600K功能性SNP芯片，为开展小麦规模化的高通量基因型鉴定创造了条件。但是，在围绕育种需求与产业发展的联合鉴定及其有效利用方面亟待加强。

（4）我国新种质创制技术的原始创新能力差距明显，但在新种质创制及其有效利用方面跻身国际前列

农作物种质创新常用技术如单倍体培养技术、物理化学诱变技术、依赖幼胚拯救的远缘杂交技术、转基因技术、基因编辑技术等，其原始创新均来自国外科学家，我国新种质创制技术的原始创新能力差距明显。但是，我国科学家通过对新种质创制原始创新技术的再创新，并应用于新种质创制，使我国在新种质创制及其有效利用方面跻身国际前列。通过创制水稻"野败型""冈D型""印水型""红莲型""温敏"不育系，使我国在杂交水稻研究与有效利用方面处于国际领先地位。在小麦新种质创制方面，我国已将小麦野生近缘植物9属17种与小麦杂交成功。其中，小麦与新麦草、东方旱麦草、沙生冰草、根茎冰草4个物种间的杂交为首次报道；利用小麦与粗山羊草、易变山羊草、小伞山羊草、黑麦、簇毛麦、长穗偃麦草、中间偃麦草、冰草8个物种间杂交衍生的创新种质，培育出新品种。

2.1.2 植物种质资源主要保藏机构

2.1.2.1 植物种质资源特色保藏机构

（1）国家作物种质库

国家作物种质库位于中国农业科学院（北京），于1986年建成，总建筑面积3200 m^2，贮藏温度 -18 ℃，相对湿度 $\leqslant50\%$，保存设计容量40万份，贮藏寿命50年以上。

截至2017年12月，国家作物种质库已保存226种作物426 634份种质资源，80%的资源原产于国内，地方品种占到60%，稀有、珍稀和野生近缘植物资源占10%，离体保存39种无性繁殖作物500余份。同时受农业部委托，接收保存了品种保护、审定、登记的国家标准样品3万余份。近10年来向全国1600多个单位分发提供种质30万份，在我国作物育种及其农业可持续发展方面发挥了重要的作用。

国家作物种质库是农业多样性保护科普教育和国际交流的基地和窗口，每年有数千人次的中外学者及大中小学生到此学习参观，也是党和国家领导人关心农业的视察地。2015年4月，发展改革委正式批复国家作物种质库新库建设项目立项，新库总建筑面积21 000 m^2，建设集低温库、试管苗库、超低温库和DNA库为一体的150万份智能化保存设施，以及具有世界一流水平的种质资源

技术研发与共享服务平台，显著提升我国种质资源战略保存、技术研发和共享服务能力，以满足未来 50 年的需求。

（2）国家水稻种质中期库

国家水稻种质中期库位于中国水稻研究所实验基地（浙江省杭州市富阳区），于 1991 年建成，总建筑面积 1440 m²，由中期库Ⅰ（-10 ℃，相对湿度 ≤ 50%）、中期库Ⅱ（4 ℃，相对湿度 ≤ 50%）和短期库（15 ℃，相对湿度 ≤ 55%）组成，保存设计容量 10 万份，贮藏寿命 20 年以上。

截至 2017 年 12 月，国家水稻种质中期库已保存种质 78 968 份，包括稻属 12 个种（2 个栽培稻种、10 个野生近缘种）和近缘属 1 个种（R. subulata）。国家水稻种质中期库 72% 的资源原产于国内，地方品种占 63%，野生近缘种资源占 2.5%。近 10 年来，向全国约 60 个单位分发提供种质 2 万余份次，在我国水稻科学研究国际影响力提升及产业可持续发展方面发挥了重要的作用。

（3）国家油料作物种质资源中期库

国家油料作物种质资源中期库（武昌）创建于 20 世纪 60 年代，位于中国农业科学院油料作物研究所科研大楼，新的低温库于 2010 年建成并投入使用，贮藏面积 60 m²，贮藏温度控制在 0~5 ℃，相对湿度 <50%，可保存油料种质 4.5 万份，贮藏寿命 15 年以上。

截至 2017 年 12 月，中期库保存油菜、花生、芝麻、大豆、蓖麻、向日葵、红花和苏子等油料作物种质资源共计 33 321 份。

中期库是我国油菜、花生、芝麻、大豆、蓖麻、向日葵、红花和苏子等油料种质资源的研究利用和中期保存中心，承担为我国油料产业发展、科技创新、农民增收、人才培养、国际交流等直接服务的使命和任务，为生产和科研发展提供各类资源、信息、关键技术和人才。

近 10 年来，中期库向全国 296 个单位分发提供各类优异种质 2.6 万份，利用提供育种急需优异种质育成新品种 80 个，累计推广面积 2.29 亿亩，产生经济效益 282.35 亿元。

（4）国家蔬菜种质资源中期库

国家蔬菜种质资源中期库位于中国农业科学院（北京），其原型为初建于 1986 年的蔬菜种质简易库，正式建成于 2000 年。中期库及其配套实验设施总建筑面积 594 m²，库内种子贮藏温度 2~3 ℃，相对湿度 ≤30%，保存设计容量 5 万份，贮藏寿命 20~30 年，另有温室、大棚、采种挂藏室等试验配套设施面积 13 850 m²。

国家蔬菜种质资源中期库主要承担有性繁殖蔬菜种质资源的收集、繁殖编目、保存、鉴定、评价、多组学信息集成、实物和信息服务等科技基础性工作，以及优异基因源挖掘、种质创新利用等应用研究。截至2017年12月，国家蔬菜种质资源中期库保存125个蔬菜及其野生近缘种物种（变种）资源3.41万余份，85%的资源原产国内，地方品种占90%。同时，中期库还承接农业部植物新品种测试（北京）分中心标准和测试品种样品的保存。另外，中期库作为蔬菜多样性保护利用科普教育和国际交流的窗口，接待国内外各级领导、专家和其他人员5000余人次。中期库累计向国内外250多个资源系统外高等院校和科研院所分发资源790余批次，涉及82个物种（变种）2.78万份次，向全国蔬菜资源系统内协作单位提供资源近3万份次。鉴定挖掘和创新优异种质4000余份，在我国蔬菜资源保护、育种及产业发展中发挥了重要作用。

（5）国家牧草种质中期库

国家牧草种质中期库于1989年建于中国农业科学院草原研究所，总建筑面积634 m²，使用面积444 m²，可容纳4万份种质的安全保存。截至2017年年底，国家牧草种质中期库保存种质16 582份，隶属于39科261属825种（包括变种）。保存资源以野生资源为主，该库每年提供牧草种质资源300余份（次），培训本科生50余人，已形成保存、鉴定、繁殖、更新、供种和深入研究为一体的保种体系。

（6）中国西南野生生物种质资源库

中国西南野生生物种质资源库是2001年发展改革委批复的国家重大科学工程，依托中国科学院昆明植物研究所建设和运行，主体工程于2007年完工，现已建成我国收集保存野生生物种质资源库的综合性国家库，包括种子库、植物离体库、DNA库、微生物库（依托云南大学共建）和动物种质资源库（依托中国科学院昆明动物研究所共建），并建有国际先进的植物基因组学和种子生物学实验研究平台。

资源库对种子、植物离体材料、植物DNA等野生植物种质资源进行重点收集、保存和研究，建立了种质资源数据库和信息共享管理系统，建成集功能基因检测、克隆和验证为一体的技术体系和科研平台，野生种质资源保藏与研究能力均达到国际领先水平。

（7）国家林业局泡桐中心

国家林业局泡桐中心使用面积2000余亩，各项基础设施完善，拥有科研智能温室1700 m²、普通苗木繁育温室3800 m²、科研用房2200 m²、科研辅助用房1500 m²，同时配备了完善的供电设施、灌溉设施和监控系统。截至2017年年

底，已保存杜仲、柿子、仁用杏、扁桃、长柄扁桃、李、木瓜、泡桐等树种种质资源 4000 余份，选育出经济林优良无性系 500 余个，审定林木良种和授权新品种 52 个，为林业科研及生产提供了大量的繁育材料。

近年来，资源库每年向社会提供技术咨询 300 余次、技术服务 200 余次，提供良种苗木 10 万余株、良种接穗 700 余万个。依托库内资源，目前已获得国家级和省部级科技奖励 20 项，发表学术论文 700 余篇，出版学术著作 31 部，制定行业标准 13 项。

2.1.2.2 植物种质资源共享服务平台建设与服务情况

（1）国家农作物种质资源平台建设与共享服务

国家农作物种质资源共享服务平台主要由 1 个国家长期种质库、1 个青海国家复份种质库、10 个国家中期种质库、16 个省级中期库、43 个国家种质圃和国家作物种质信息中心等组成。长期安全保存粮食作物、纤维作物、油料作物、蔬菜、果树、糖烟茶桑、牧草绿肥等 350 多种作物 49.1 万份种质（不计重复）。平台已建立起完善的农作物种质资源制度体系、组织管理体系、技术标准体系、鉴定评价体系、质量控制体系、保存技术体系和共享服务体系。实现了农作物种质资源收集、整理、保存、评价、共享和利用全过程的规范化和数字化，为作物育种、科学研究和农业生产提供了更加优良、标准化、高质量的种质信息和实物，提高农作物种质资源的利用效率和效益。

2017 年，平台服务用户单位 3122 个，服务用户 20 119 人次，服务于平台参建单位以外的用户占总服务用户的 84.95%。向全国提供了 15.63 万份次的农作物种质资源，向 48.2 万多人次提供了农作物种质资源信息共享服务，提供在线资源数据下载和离线数据共享 309 GB。为农作物基因资源与基因改良国家重大科学工程、种子工程、转基因重大专项等多个重大工程和科技重大专项，以及 772 个各级各类科技计划（项目/课题）和 1126 家国内企业提供了资源和技术支撑。

2017 年，平台联合国家农业科学数据共享中心持续开展了"西藏农牧科技联合专题服务"联合专题服务，继续开展了以面向种子企业的定向服务、作物种质资源推广展示服务和作物种质资源针对性服务为重点的专题服务，累计开展专题服务 230 次，取得了显著成效和巨大的社会影响。平台为 3 项国家科技进步奖二等奖、22 项省部级科技奖励、33 个植物新品种权、97 个作物新品种审定提供了支撑。在提供分发利用的种质中，有 232 份种质在育种和生产中得到有效利用，直接应用于生产的有 110 个，育成新品种 85 个。

（2）国家林木种质资源平台主要贡献

国家林木种质资源平台自 2011 年以来累计向 1000 余个重点单位的用户提供服务 3000 余人次，提供种质资源服务 4 万份次，提供优异种质扩繁的苗木、穗条 2000 余万株（穗/条）用于推广和造林应用。国家林木种质资源平台服务用户数、种苗服务数量均有明显的增长，其中，2017 年服务重点单位数量较 2016 年增长了 11.30%，种质资源服务数量增长了 32.01%，种苗服务数量增长了 1.50%。平台还开展技术咨询、技术推广、技术服务共 2711 次，技术培训 48 186 人次，得到了广大用户的良好评价。平台累计支撑各类国家与地方科研、建设项目 500 余项，共获得科技奖励 45 项、专利 50 项、技术标准 100 余项，发表研究论文 1000 余篇，科技支撑效果显著，社会影响不断扩大。

（3）国家重要野生植物种质资源共享服务平台主要贡献

截至 2017 年 12 月，平台已收集了保存野生植物种子 9837 种（达到我国有花植物物种总数的 1/3，分属 228 科 1990 属），共 74 738 份；植物离体培养材料 1850 种 20 810 份；DNA 分子材料 5642 种 49 815 份。抢救性保护了珍稀濒危物种 669 种，4035 种中国特有种植物的种质资源，使我国的战略生物资源安全得到可靠的保障，为我国切实履行国际公约、实现生物多样性的有效保护和实施可持续发展战略奠定了物质基础。

平台建立和完善了野生植物资源本底数据库，记录种质资源数据资源 13 万条，并通过种质资源库的网站（http：//d. genobank. org/login. aspx 和 http：//seed. iflora. cn）实现数据共享，2016 年至今，网站访问量达 34 万人次，并于 2016 年 4 月实现种子分发共享的网上申请。截至 2017 年，平台已累计向国内外 74 个机构分发共享野生植物种子 11 729 份 444 165 粒，向 60 人次分发共享 1200 多份总 DNA、1500 多套共 2 G 数据、5 万多个 DNA 条形码，向 40 余人次提供了实验技术和数据分析服务，为我国生物技术产业的发展和生命科学的研究提供了所需的种质资源材料及相关信息和人才。

2.1.3 植物种质资源主要成果和贡献

（1）种质资源创新利用

在种质资源创新利用方面，我国运用多种技术手段开展林木遗传资源创新与遗传改良。截至 2017 年年底，国家、地方审认定的林木良种总数达 5000 多个，林木（花卉）新品种达 1600 多个，大多数已经在全国林木种质资源保存单位和良种基地得到推广应用。我国主要树种遗传改良进程平稳推进。松、杉、

杨、桉等速生用材树种的遗传改良进程相对较快，一些主要珍贵树种和生态防护树种的育种研究全面启动；经济林树种按不同产区育成一批优质高产良种；观赏植物获新品种权 548 件，初步打破了国外对月季、菊花等花卉品种的垄断局面。

（2）资源精准鉴定

我国林木遗传资源鉴定工作起步较晚，但随着近年来林木全基因组序列测定工作的蓬勃开展，相关工作进展十分迅速。我国已完成了簸箕柳、毛竹、枣树、胡杨、白桦等树种的全基因组测序工作，推进了木材及其产量的提高，以及生物能源的开发、抗性及适应性的增强等相关树种资源的储备利用，具有重要的实际应用价值，相关研究结果已发表在 *Nature Genetics*、*Nature Comunica-tions*、*Cell Research* 等国际知名学术期刊。后续已列入全基因组测序计划的树种有杜仲、油茶、油桐、泡桐、紫竹、桂竹、鹅掌楸、毛白杨、银杏、楸树、落叶松、水曲柳等，相关研究正在进行之中。但我国的差距主要在测序后 DNA 序列拼接、基因功能注释及新算法和新模型开发利用等方面，需要在生物信息学硬件、软件和人才方面加强建设，在重点树种基因组测序结果的拼接和注释方面加快步伐，使之成为模式树种，推动相关树种功能基因组及林木重要基因精准鉴定研究。

（3）"中国野生稻种质资源保护与创新利用"获 2017 年国家科技进步奖二等奖

野生稻是水稻育种不可或缺的基因资源。中国农业科学院作物科学研究所杨庆文研究员带领团队组织全国优势单位历经 20 年潜心研究，通过创建野生稻调查技术体系，在国际上率先建立了野生稻居群的地理、环境、人文和图像的 GPS/GIS 信息系统，通过系统调查首次获得全国野生稻资源的精准信息。在此基础上，抢救性收集并异位保存 3 种野生稻 694 个居群 19 153 份资源；制定了以消除主要威胁因素为导向的原生境保护技术，拯救了 65 个濒危居群；研制了育种目标关键性状表型与基因芯片等相结合的鉴定技术，系统评价了野生稻资源 42 239 份次，筛选出高抗南方黑条矮缩病、抗冻、强耐淹、雄性不育等优异资源 658 份，定位了 116 个 QTL 和 21 个新基因；创制新种质 503 份，首次获得携带疣粒野生稻基因的新种质，育成新不育系 3 个。全国百余家单位利用其采集、保存、筛选、创新的近 2 万份水稻种质资源，育成水稻新品种 114 个，有力推动了我国野生稻长久保护和水稻产业可持续发展。项目获核心知识产权 4 项，制定标准 6 项，研制关键技术 9 项，育成新品种 13 个，获省级科技进步奖一等奖 2 项，发表论文 161 篇（其中，SCI 收录 11 篇），出版著作 6 部。

（撰稿专家：方沩、林富荣、杨湘云）

2.2 动物种质资源

2.2.1 动物种质资源建设和发展

2.2.1.1 动物种质资源

动物种质资源包括畜禽、特种经济动物、野生动物、水产养殖动物、经济昆虫等，是经过长期演化自然形成及人为改造的、对人类社会生存与可持续发展不可或缺的、为人类社会科技与生产活动提供基础材料，并对科技创新与经济发展起支撑作用的重要战略物质资源，也是维护国家生态安全、进行相关科学研究的重要物质基础。

目前，地球上已知的动物有 150 万种以上，可分为 20 个门，其中与人类生存关系极为密切的主要类群包括高等脊椎动物（如兽类、鸟类、爬行类、两栖类和鱼类）和高等无脊椎动物（如昆虫、虾、蟹、蜘蛛等）。这类资源主要以活体原地保藏为主要的保藏形式。

根据资源调查统计，21 世纪初，全世界经报道的已知畜禽品种有 7616 种，我国的资源量占到全球总量的 1/10 以上。截至 2017 年年底，经国家畜禽遗传资源委员会认定的畜禽资源共 836 个品种（配套系、遗传资源），包含了猪 131 个、牛 120 个、羊 148 个、马驴驼 75 个、家禽 212 个、特种畜禽 113 个、蜜蜂 37 个，其中，地方畜禽品种遗传资源 572 个品种，培育畜禽品种（或配套系）152 个，引进畜禽品种 104 个，其他 8 种。

我国水生生物资源丰富，包括鱼类、甲壳类、贝类、棘皮动物、两栖类、藻类等。鱼类 3 纲 43 目 282 科 1100 属 3043 种，甲壳类 1 纲 11 目 84 科 323 属 716 种，贝类 5 纲 28 目 198 科 561 属 1191 种，棘皮动物 5 纲 18 目 66 科 160 属 245 种，两栖类 3 目 11 科 36 属 250 种，藻类 18 纲 80 目 200 科 713 属 7002 种。

据估计，我国海洋中有报道的鱼类 3048 种，虾、蟹类 1388 种，螺、贝类 1923 种，鲸、海豹和儒艮等哺乳动物 39 种。淡水水域中有鱼类 1000 多种，其中，海、淡水洄游性鱼类近 70 种；其他淡水水生生物种类还包括虾、蟹、蚌、螺、鳖和鳄；长江中下游的中华鲟、白鲟、胭脂鱼、白鳍豚、扬子鳄、大鲵等具有较高的经济价值或学术价值，是我国重要的珍稀水生生物资源。

2.2.1.2 动物种质资源全球变化

根据资源调查统计，截至 2017 年年底，全球共有 12 个动物种质资源保藏机构，保藏各类资源总量和类型见表 2-5。

表 2-5 全球动物种质资源主要保藏机构

国家	保藏机构名称	保藏总量	保藏类型	依托单位
美国	全国种质资源保护与利用中心（基因库）	96.5 万份/152 个品种	列入国家保种计划畜禽品种的种质资源（包括外来品种资源）	科罗拉多大学
	全国畜禽种质资源信息中心	—	8 个州建立了区域性的保种基地	全美农科院
	濒危物种繁育研究中心	4800 个动物个体	动物 DNA 库	圣地亚哥动物园
	美洲小动物保护局	—	—	政府
	得州大学 UTEX 藻类种质库	2500 余种	藻类	政府
英国	珍稀品种救助托管局	—	稀有、濒危品种的抢救性保护	政府
法国	国家冷库	—	活体和遗传物质	政府
荷兰	动物遗传资源中心	30.93 万份/ 5701 个个体	61 个品种的遗传物质	政府
巴西	遗传资源和生物技术研究中心及其分中心	5.22 万剂冷冻精液和 220 枚胚胎	14 个品种的冷冻精液和胚胎	政府
印度	动物遗传资源局	257 头母公畜冷冻精液，9.78 万份/31 个品种	31 个品种的冷冻精液	政府
	鱼类基因资源中心	100 多种	鱼类	政府
挪威	鲑鳟鱼基因组资源保存中心	2 万余份	—	政府

数据来源：各大种质资源库数据库门户网站。

美国国会制定了《国家遗传资源计划》，使美国种质资源保护与利用呈现规划系统化、保护区域化、管理信息化的特点，并且针对入侵种提出了 3 项国家目标：入侵种的预防、入侵种的控制和本地种的恢复等措施。英国设立了珍稀品种救助托管局，负责种质资源的调查、珍稀资源的确定，开展稀有、濒危品种的抢救性保护工作，取得了较为理想的效果。法国建立了国家冷库，用来保存虫病预防控制所、中国农业科学院上海兽医研究所及兰州兽医研究所。中国寄生虫种质资源保藏库涵盖中国 15 个省 20 个寄生虫种质资源保藏机构，涉及医学寄生虫学、兽医寄生虫学、病原生物学、医学贝类/媒介生物学、分子生物学、兽医学、植物寄生虫学等多个学科领域。在整理全国医学寄生虫、动物寄生虫、植物寄生虫种质资源名录的基础上，共完成了 11 门 23 纲 1200 种共 13 万件的寄生虫种质资源的整理、整合和数字化表达任务，占国内同类资源的 43.33%。

按照动物分类法构建了寄生虫种质资源八大数据库，包括原虫数据库、线虫数据库、绦虫数据库、吸虫数据库、软体动物数据库、节肢动物数据库、甲壳动物数据库和罕见寄生虫数据库。同时，创建了寄生虫种质资源图片库，多媒体图片达到 110 652 张，基本涵盖所有寄生虫研究和利用领域，寄生虫种质资源实物实行公益性共享。

国家寄生虫种质资源库设 1 个门户网站 http://www.tdrc.org.cn，展示包括项目整理整合的资源数据信息、多媒体信息、资源环绕图像、资源 3D 数据等多种信息资源，能够从多角度表述资源详情，信息实行公益性共享机制，用户无须注册、登录，实行 365 天每天 24 小时不间断服务。

2.2.1.4　动物种质资源国内外保藏情况对比分析

自 1992 年《生物多样性公约》签订以来，各国政府纷纷实施生物资源保护行动计划。发达国家的家养动物遗传资源收集保护和利用体系完善，建设专业化程度高，涉猎的目标物种相对集中，资金投入量大，基础设施先进，仪器智能化程度高。在家养动物资源方面，美国动物遗传资源保护中心收集保存了全美 152 个品种，保存容量超过 96.5 万份，居世界第一；保存机构的专业化程度高，资源覆盖率高、代表性强，不仅保护美国国内资源，而且外来资源占比超过 2/3；建立了功能强大的国家动物种质数据库，对收集资源的表型、特征、系谱信息和性能测定进行全面的信息化，还提供资源搜索、共享申请和交换申请等汇交模块；保存和开发利用效果好，牛冻精单项的年贸易额就达 1.3 亿美元，实现了"以用促保"的运行机制。

我国家养动物资源遗传多样性丰富，生物资源库保存形式丰富多样，覆盖的目标种类众多。结合国家相关科技计划，开展了生物资源收集和保存系列工作，建立了一批生物资源库，曾为大白猪、樱桃谷鸭等世界知名品种的培育做出了杰出贡献，但是保护利用体系较国外起步晚。目前，初步建立了原产地与异地保护相结合、活体与遗传物质保存互为补充的体系，完成 330 个品种的有效保护，受保护品种数居世界前列，但资源的覆盖度和代表性不足，尚有 60% 的核心种源依赖进口。近期，我国在蛋鸡、肉鸡等少数畜禽资源的共享利用上取得突破，并基于地方资源育成 140 个畜禽新品种，初步开发了 293 个资源，但是总体开发和共享利用程度较国外低，"以用促保"机制尚需建立，种质资源库的收集保存能力有待加强，信息库的共享利用功能亟须拓展。在水产种质资源方面，近年来，海洋藻类种质资源库，保存我国重要海洋藻类生物样品 7000 余份；海水养殖鱼类精子库，保存样品达 2 万余份；海洋渔业生物 DNA 条形码库，保存物种 4000 多种、条形码 2 万多条。建立了青鱼、草鱼、鲢、鳙、鲂天然生态库和人工生态库，建立了主要养殖鱼类的种质保存技术标准，保存了大量重要养殖种类的活体、组织和细胞等实物资源。我国生物资源保存库馆众多，未来应着重推进生物资源整合和集中的规范化、系统化和专业化，推动国家生物资源库建设向国际领先水平发展。

在法律法规方面，深入贯彻落实《畜牧法》。为使我国畜禽遗传资源保护和利用政策法规体系更加完善，制定了《畜禽新品种配套系审定和畜禽遗传资源鉴定技术规范（试行)》等配套法规，修订了《国家级畜禽遗传资源保护名录》，国家级保护品种从 138 个增加到 159 个。浙江等 5 个省（区）相继出台了配套规章，27 个省（区、市）发布了省级保护名录。农业部组织实施种质资源保护、畜禽良种工程等项目，支持地方畜禽遗传资源保护和利用。"十二五"期间，国家级畜禽遗传资源保种场、保护区、基因库数量由 119 个增加至 187 个。

2.2.2 动物种质资源主要保藏机构

近 20 年来，农业部组织实施种质资源保护等项目，先后投入大量资金，建立了 165 个国家级畜禽遗传资源保护场和 24 个国家级畜禽遗传资源保护区，同时确定 260 个省级保护品种，这些保种场区覆盖了全国 30 个省（区、市），形成了以保种场和原种场为核心的保种体系（图 2 - 4）。所保护的国家级保护品种主要包括猪（60 个）、羊（24 个）、牛（21 个）、家禽（48 个）、蜜蜂（10 个）和其他（18 个），国家级保护品种覆盖率达到 90%，省级保护品种覆盖率达到 70%，其他地方品种覆盖率较低（表 2 - 9）。这些国家级畜禽资源活体保种场区分布于全国 30 个省（区、市），6 个省（区）拥有 10 个以上的原产地活体资源保种场，它们主要为畜牧业发达和畜禽资源丰富的省份，包括山东、江苏、内蒙古、广东、海南和四川；13 个省（区）拥有 5～10 个原产地活体资源保种场；

拥有 5 家以下保种场的有 11 个省（区、市）。同时建有 6 个国家级畜禽资源基因库和 1 个家养动物种质资源长期保存库。

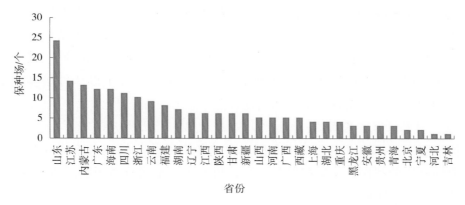

图 2-4　原产地畜禽遗传资源保种场在全国各省（区、市）的分布

表 2-9　国家级畜禽遗传资源保种场、保护区和基因库数量

单位：个

畜种	国家级畜禽遗传资源保种场	国家级畜禽遗传资源保护区	国家级畜禽遗传资源基因库
家禽	48	—	4
猪	54	6	2
牛	18	3	
羊	20	4	
其他	18	10	
合计	158	23	6

2.2.2.1　动物种质资源特色保藏机构

（1）重要及濒危畜禽动物种质资源体细胞库

重要及濒危畜禽动物种质资源体细胞库由中国农业科学院北京畜牧兽医研究所通过畜禽动物平台构建，目前已经成为世界上最大的畜禽体细胞库。通过全国畜牧业标准化技术委员会审定的相关技术规范（程）有 14 项，包括国家标准 5 项、行业标准 9 项，为畜禽资源遗传物质检验、保存、遗传资源考察、种质库保存提供重要的技术支撑。截至 2017 年年底，细胞库中已保藏包括德保矮马、北京油鸡、北京鸭、滩羊、鲁西黄牛、民猪等 130 个地方畜禽品种共计 80 000 余份细胞，不仅有效地保护了我国畜禽遗传资源的多样性，而且为相关畜禽品

种生物学等研究提供了有效的实验材料，同时，针对重要及濒危畜禽种质资源，开展了畜禽种质资源体细胞库的建立和生物学特性研究工作。

通过该细胞库，已经获得国家发明专利 20 余项、实用新型专利 10 余项，出版高水平学术专著 3 部。突破了我国畜禽种质资源体外保存技术落后、缺乏自主知识产权的新型材料等诸多制约其技术发展和实物利用的"瓶颈"，建立了科学、系统、行之有效的畜禽体外细胞制备技术体系，开辟了以体外培养细胞形式保护和利用濒危畜禽种质资源的新途径。

（2）国家级家畜基因库

国家级家畜基因库主要从事全国畜禽遗传资源冷冻精液、冷冻胚胎和体细胞等遗传物质的制作、收集和保存工作，相关实验室建筑面积超过 3000 m^2，基因库建筑面积 800 m^2。

基因库已保存牛、羊、猪、马（驴）、犬等遗传物质共计 104 个品种。其中，牛、羊、猪、驴的冷冻精液 54 万余剂；冷冻胚胎 1.5 万余枚；牦牛、绵山羊品种的成纤维细胞系 5000 余头份；收集了 60 个猪品种、93 个牛品种、82 个绵山羊品种和 75 个马（驴）品种的共计 2 万余份 DNA 和血样。

（3）国家级地方鸡种基因库（江苏）

国家级地方鸡种基因库（江苏）由中国农科院家禽研究所承建。该所一直重视我国地方鸡种的收集、保护、评价和开发利用工作，现已建成国内最大、世界上保存鸡种资源最多的基因库，活体保存了 32 个鸡品种，冷冻保存了 168 个地方禽种的 13 000 余份 DNA 样本，创建了家禽资源数据库，建立了中国畜禽资源动态信息网。

基因库技术人员以地方鸡种为素材，通过多年的定向选育，利用现代家禽育种技术，培育出邵伯鸡、苏禽黄鸡、维扬麻鸡、苏禽青壳蛋鸡等品种并推向市场，深受饲养者和消费者的喜爱，为我国地方鸡种的开发利用做出了应有贡献。

（4）国家级蜜蜂基因库（吉林）

国家级蜜蜂基因库（吉林）由吉林省养蜂科学研究所组建，占地面积 60 亩，建筑面积 3000 m^2。保存蜜蜂品种 14 个，保存蜜蜂冷冻精液 15 000 μL，收集保存蜜蜂样本 280 个。基因库掌握蜜蜂人工授精、育种、饲养三位一体的现代蜜蜂育种、繁殖、保种等技术手段，形成了保种、选育、制种、扩繁等相互配套的技术体系，为全国养蜂生产的发展做出了重大贡献。

（5）国家级海洋渔业生物种质资源库

国家级海洋渔业生物种质资源库总建筑面积 20 650 m^2，总投资 1.6 亿元，建设期为 2017—2020 年，建设内容主要包括海洋渔业生物基因资源库、海洋渔业生物细胞资源库、海洋渔业微生物资源库、海洋渔业生物活体资源库、海洋渔业生物群体资源库及海洋渔业生物种质资源数据处理中心和大型仪器设备共享中心，共"五库二中心"。资源库是我国设计规模最大的海洋渔业生物种质资源库，也是目前唯一立项的海洋渔业生物种质资源库。

2.2.2.2 动物种质资源共享服务平台建设与服务情况

（1）国家家养动物种质资源平台建设与共享服务

平台根据国家科技基础条件平台的建设和运行要求，依托中国农业科学院北京畜牧兽医研究所，联合中国农业科学院特产研究所、中国农业大学、全国畜牧总站、东北林业大学、吉林大学等科研院所、高等院校和企业，开展对猪、牛、羊、狐狸、水貂、家禽、鹿等畜禽动物种质资源的资源整合、共享、更新收集等工作。

截至 2017 年年底，平台向政府、科研院所和高等院校及养殖企业等 1000 多个单位提供资源 140 万份，其中包括 141 种活体资源 108 万份、遗传物质 48 种 114 376 份，新增活体资源 6 种，遗传物质资源 10 种，资源总量达到 738 种（表 2－10）。平台开展了家养动物高效生态养殖技术研究与示范推广、家养动物品种的选育提高和细胞库的构建与利用等专题服务，举办各类生产技术相关培训班 300 余次，培训技术人员 22 709 人次；技术和推广 850 次，其他类型的服务 713 次，服务企业组织等总量 521 个，服务用户 12 526 人，支撑项目 293 项，其中，国家重大项目 14 项；发表论文 292 篇（其中，SCI 收录 52 篇），授权专利 76 项，标准 38 个，论著 41 部，获奖 21 项；发放技术资料、图书 1 万余册，更新数据库信息 3948 条，网站下载 16.36 GB，资料下载量 3.57 万篇，平台访问量 140.90 万人次。直接参与平台工作的科研院所、高等院校达 53 家，参与项目的总人数达到 1200 人，其中，运行管理人员 60 人、技术支撑人员 180 人、共享服务人员 894 人，培养研究生 200 多名。

表 2－10 国家家养动物种质资源共享服务平台主要资源共享情况

单位：份

品种	活体	细胞	精子	DNA	胚胎
家畜	688	130	206 376	32 000	11 000
家禽	50	35	5 000	15 000	0
合计	738	165	211 376	47 000	11 000

（2）国家水产种质资源共享服务平台主要成果和贡献

平台根据国家科技基础条件平台的建设和运行要求，以中国水产科学研究院为牵头单位，按照各海区和内陆主要流域设计建立了10个保存整合分中心和地方级参加单位的两级平台建设运行体系。平台已有35家水产科研院所、高等院校等单位及多家国家级水产原良种场及龙头企业，开展重要养殖生物及各类濒危、珍稀水生动物种质资源的资源收集更新、整合、共享等研究。

截至2017年年底，平台共整理、整合和保存了11 643种水产种质资源，每年新增实物资源数据150多条，新增信息3000余条，已整合水产种质资源占国内保存资源总数的90%以上，重要养殖生物种类的整合率达100%。此外，平台还收集整合各类濒危、珍稀种质资源50余种，濒危野生动物体细胞10余种，并及时进行了繁殖更新，有效地支撑了濒危水生动物保护工作的开展。平台标准化整理和数字化表达了2028种活体资源信息、6543种标本种质资源信息及28种基因组文库、32种cDNA文库和42种功能基因等DNA资源信息（精子368种、细胞145种、DNA 1396种）；每年开展实物资源服务1000余次，为700多个研究机构、水产技术推广站、养殖企业和渔民等提供各类鱼虾贝藻苗种超过60亿尾（粒），开展各类技术培训班200多次，培训人数2万多人次。平台共支撑包括863、973、农业行业专项、产业体系、国家自然科学基金、基本科研业务费等共500余项项目/课题的运行，其中，国家级项目200多项。在平台支撑下，获各类成果奖励73项，其中，国家级二等奖2项，省部级一等奖16项、二等奖23项、三等奖12项、其他奖项7项；发表学术论文782篇（其中，SCI收录232篇），出版专著28部；申请各类专利372项，制定各类标准72项。平台资源保存库，尤其是活体保存基地已成为人才锻炼和培养基地，累计为1000多名高校院校科研院所的青年职工锻炼、学生产业实习及论文实验开展等工作提供场所和实验素材，为培养、储备渔业人才发挥了重大作用。

（3）寄生虫种质资源共享服务平台主要成果和贡献

2008—2017年，平台为国内外的146项科研项目及82家科研机构提供了七大类21 921件资源的实物共享；国家寄生虫种质资源库为35个国家继续教育培训班及10所高等院校及科研院所提供86次寄生虫病教学服务，培训及教学15 099人次，共计提供2327种寄生虫教学资源；利用平台资源发表研究论文288篇（其中，SCI收录106篇），出版专著12部；发行了重要食源性寄生虫病健康科普片7部，协助CCTV10、CCTV7、湖南卫视、黑龙江卫视及中国农村杂志社等媒体拍摄寄生虫健康宣传片及开展系列讲座，为社会搭建了知识服务一体化平台。同时，平台提供面向社会的寄生虫专题服务，为临床医疗机构提供寄生虫病网络诊断咨询检测服务，开展临床、动物检疫、植物保护的咨询检测服务共计65 938人次，检测动物15 584头次、检测植物1180次；首次利用互联网实现资源信息共享，提升了我国寄生虫虫种资源的利用率。

通过资源库首次建立了国家级、数量与种类最全的寄生生物种质资源库，包括原虫、吸虫、绦虫、线虫、节肢动物、软体动物、甲壳动物、其他重要寄生虫8类实物库和数据库。应用种质资源库建立了寄生虫的免疫学、分子生物学检测鉴定新技术28项，并广泛应用于公共卫生、食品安全及动植物检疫领域，提高了寄生虫虫种检测鉴定的准确性，成为寄生虫的检测、鉴定的领先技术平台；创建了寄生虫病和热带病种质资源中心共享平台网站（http：//www. tdrc. org. cn），利用互联网实现资源信息和服务的共享。

2.2.3 动物种质资源主要成果和贡献

家养动物种质资源具有重要的科学价值，某些物种、品种、品系、种群具有珍贵的基因序列、特殊的生理特性及适应能力，为畜禽模型研究提供了可能；水产种质资源是渔业生产和渔业科技发展的重要物质基础，保护和合理开发利用水产种质资源是我国渔业的重要研究内容，水产种质资源中优秀种质的鉴定、抗病与抗逆育种，将对水产养殖产业起到关键性作用。

（1）通过资源深度挖掘与创新，利用我国自有品种，打破市场格局

利用我国自有品种，开展资源的深入挖掘，进行新品种选育和提高。中国农业科学院北京畜牧兽医研究所开展的"节粮优质抗病黄羽肉鸡新品种培育与应用"研究，针对我国黄羽肉鸡生产中存在生产效率低、肉品质下降、疾病发生率高等问题，挖掘出肉质抗病性状的关键基因和有效分子标记，创建了肌内脂肪含量、淋巴细胞比率为主选性状的选育技术；发明了矮小型鸡配套制种技术；创制专门化新品系11个，培育出通过国家审定的新品种4个；制定了相关的国家和行业标准。项目执行期间，新品种获得经济效益34.15亿元。项目成果为解决相关产业中优质高产高效问题提供了关键技术支撑。该成果荣获国家科技进步奖二等奖。

（2）改善目前国内优良品种缺乏现状，助推产业发展

优良品种是制约我国养殖业发展的关键因素，近年来，很多品种都陷入引种—退化—再引种的怪圈，我国养殖业每年大量引进国外资源，引入后品种退化严重。目前，利用传统育种与分子辅助选择相结合，通过引进品种的风土驯

化、选育优化和中试应用，经过多个世代的连续选育，已成功培育出针对国内外市场需求、具有完全自主知识产权的多个商品化品种。例如，中国农业大学通过开展"中国荷斯坦牛基因组选择分子育种技术体系的建立与应用"研究，项目组系统开展了奶牛基因组选择分子育种技术研究，实现群体遗传改良，提高了奶业生产水平和效率。该成果获得国家科技进步奖二等奖。

运用现代育种技术，以地方品种为基本素材，2010 年之后培育了苏淮猪、简阳大耳羊、明华黑色水貂等 59 个畜禽新品种（配套系），同时还对地方品种的生产性能进行大量的开发利用，成效显著，有的品种生产性能提高了 1 倍。

（3）长江口水域生态修复，支撑渔业资源可持续发展

长江口是我国渔业种质资源的宝库，水产资源极其丰富，支撑着我国长江流域和近海渔业资源的持续发展。在国家水产种质资源共享服务平台支持下，专家团队利用已有资源信息，通过收集、整理并分析长江口水体理化因子、浮游生物、底栖生物及重要渔业资源的本底数据，对比分析了长江口水域资源环境的变动规律，为生态修复实施和效果评估提供支撑；建立了相关品种的苗种扩繁技术体系，为长江口水域水生生物增殖放流提供苗种资源和技术支持；为增殖放流和生态修复方案提供技术咨询和论证，包括放流对象，种源鉴定，栖息生境营造技术、修复效果评估与宣传教育等。

近 5 年来，平台提供中华绒螯蟹等 10 多个放流对象，年均提供苗种 500 万尾（只）以上，支撑建立了长江口水域生态修复模式，恢复了中华绒螯蟹等重要渔业资源，创建了"长江口飘浮湿地"生态修复新模式，维护了长江口生态功能及其生态平衡。该项目成果荣获 2017 年上海市科技进步奖一等奖和 2018 年国家科技进步奖二等奖。

（4）景泰县盐碱水渔农综合利用

景泰县位于甘肃省中部，东邻黄河，地处黄土高原与腾格里沙漠过渡地带。景泰县土地盐碱化以每年 6000 亩的速度不断蔓延，因碱致贫返贫人口占全县贫困人口的 29%，耕地大面积盐碱化成为严重制约该县社会经济发展的重要因素。在国家水产种质资源共享服务平台支持下，2017—2018 年，向当地政府无偿赠送了优质耐盐碱鱼类大鳞鲃苗种 15 万尾、雅罗鱼苗种 3 万尾，并为该地区提供了急需的盐碱水鱼类养殖技术。大鳞鲃、雅罗鱼落户景泰，不仅推动了当地渔业的持续健康发展，逐步实现了"以渔治碱"的战略发展目标，而且大大加快了当地脱贫致富的步伐。

（撰稿专家：马月辉、浦亚斌、陈韶红、王书）

2.3 微生物种质资源

2.3.1 微生物种质资源建设和发展

2.3.1.1 微生物种质资源

微生物是除动物、植物以外的微小生物的总称。微生物种质资源是指人工可培养的、可持续利用的、具有一定科学意义或潜在应用价值的古菌、细菌、真菌、病毒（噬菌体）等实物资源及其相关信息资源。作为生物种质资源的重要组成部分，微生物种质资源是支撑整个生物技术研究与微生物产业发展的重要物质基础，在肥料、饲料、兽药、医药、食品、发酵、轻化工、环境保护、纺织、石油、冶金等领域均有广泛应用，所产生的经济和社会价值难以估量，蕴藏着巨大的利用潜力。

据估计，地球上约有 100 万种原核微生物和超过 150 万种真核微生物，而可培养的微生物不到其全部种类的 5%，已被开发利用的还不到 1%，自然界中尚有 95%～99% 的微生物种群未被分离培养和描述。据不完全统计，截至 2017 年年底，全球已知微生物资源约为 11.99 万种，包括原核微生物 1.7 万种、真核微生物 9.79 万种及病毒、亚病毒 0.5 万种。我国地域辽阔、气候条件多样、地理环境与生态系统类型复杂，是世界上生物多样性最丰富的国家之一，据估计，我国原核微生物约 20 万种，真核微生物约 18 万种。截至 2017 年年底，我国已知的微生物资源约为 2.46 万种，包括原核微生物 0.87 万种、真核微生物 1.47 万种及病毒、亚病毒 0.12 万种。其中，原核微生物包括古菌 54 种、细菌 8610 种，我国首次报道发现的生效描述种 1684 种；真核微生物包括真菌 14 060 种、卵菌 300 种、黏菌 340 种，真菌中包括药用菌 473 种、食用菌 966 个分类单元，我国特有种超过 2000 种。

2.3.1.2 微生物种质资源全球变化

在世界微生物数据中心（WDCM）注册的微生物种质资源保藏机构共 771 个，从业人员共 6394 人，保藏各类微生物菌株总数为 309 万余株。其中，细菌资源最多，占保藏总量的 43%（图 2-5），真菌、病毒和细胞分别占保藏总量的 27%、1% 和 1%。

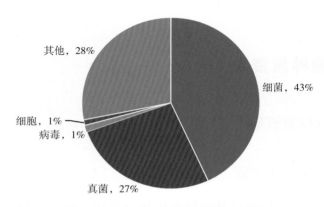

图 2-5　全球微生物种质资源组成

从保藏机构分布区域来看，不同地区设置的保藏机构数量差异显著。其中，亚洲最多（276 个，包括中国的 42 个保藏机构），欧洲次之（246 个），非洲的保藏机构数量明显低于其他地区。不同地区保藏的微生物种质资源总量与保藏机构分布呈现正相关（表 2-11）。

表 2-11　全球微生物种质资源保藏机构数量和保藏数量分布情况

地区	保藏机构/个	保藏数量/株
亚洲	276	1 257 689
欧洲	246	1 121 605
美洲	194	583 012
大洋洲	41	105 379
非洲	16	17 100

从保藏机构的单位属性看，绝大多数保藏机构为政府科研院所和高等院校设置的，分别占保藏机构总数的 40% 和 42%（图 2-6）。

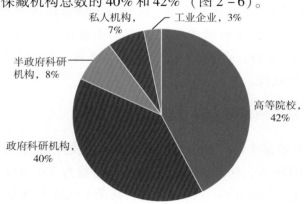

图 2-6　全球微生物种质资源保藏机构的单位属性

2.3.1.3 微生物种质资源国内建设情况

截至 2017 年年底，全国共有 83 个微生物种质资源保藏机构参与 2018 年度国家科技基础条件资源调查，其中，32 个保藏机构隶属于中央级单位，51 个保藏机构隶属于地方单位。隶属于中央级单位的 32 个保藏机构中，有 9 个隶属于农业部、9 个隶属于教育部、5 个隶属于中国科学院、4 个隶属于国家卫生健康委员会、1 个隶属于国家林业和草原局、1 个隶属于国家市场监督管理总局、1 个隶属于自然资源部、1 个隶属于中国轻工业集团公司、1 个隶属于国家食品药品监督管理局（图 2 - 7）。

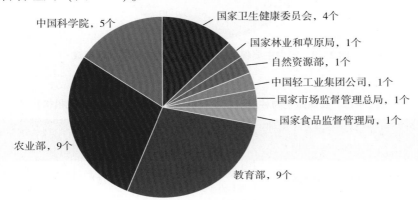

图 2 - 7　微生物种质资源中央级保藏机构分布情况

截至 2017 年，我国微生物种质资源保藏总量在 58 万株以上。9 家国家级的菌种保藏机构，分别负责保藏我国农业、医学、药学、工业、兽医、基础研究、林业、教学实验和海洋等领域的微生物遗传资源，资源保藏量大，且专业性较强，是目前国内最主要的菌种保藏机构。截至 2017 年年底，这 9 家主要保藏机构的库藏资源总量达 237 120 株，分属于 2484 属 13 373 种，整合了我国近 35%的微生物资源，其中，细菌占比 62%，真菌占比 31%，病毒等其他资源占比 7%（图 2 - 8）。

我国已初步建成以应用微生物菌种保藏库为主，以特殊生境或特色地域来源的微生物菌种保藏库、特定类群微生物菌种保藏库为辅的资源保护框架体系。90 个保藏机构中，有 9 个是以应用领域为导向的国家级菌种保藏机构，负责农业、林业、医学、药学、工业、兽医、基础研究、教学实验和海洋等领域微生物种质资源的收集、整理、鉴定、保藏及社会共享；另外建立有 80 个左右的其他微生物菌种保藏机构，负责对资源量较大的各特色地域来源和各特色类群的微生物种质资源的收集、整理和保藏（表 2 - 12）。

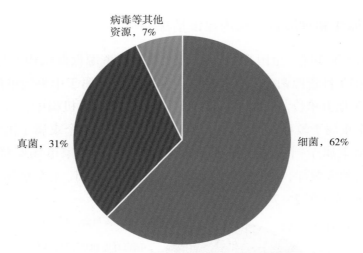

图 2－8　国内主要保藏机构库藏微生物种质资源组成

表 2－12　我国微生物种质资源保藏机构框架体系（主要保藏机构）

序号	保藏机构名称	依托单位	保藏资源总量/株	种属多样性
1	中国农业微生物菌种保藏管理中心	中国农业科学院农业资源与农业区划研究所	17 153	497 属 1774 种
2	中国林业微生物菌种保藏管理中心	中国林科院森林生态环境与保护研究所	17 862	756 属 2626 种（亚种）
3	中国医学细菌保藏管理中心	中国食品药品检定研究院	10 594	85 属 523 种
4	中国药学微生物菌种保藏管理中心	中国医学科学院医药生物技术研究所	49 795	532 属 1228 种
5	中国工业微生物菌种保藏管理中心	中国食品发酵工业研究院	12 085	435 属 1303 种
6	中国兽医微生物菌种保藏管理中心	中国兽医药品监察所	8139	73 属 183 种
7	中国普通微生物菌种保藏管理中心	中国科学院微生物研究所	61 000	2111 属 6183 种
8	中国典型培养物保藏中心	武汉大学	39 636	1621 属 5142 种
9	中国海洋微生物菌种保藏管理中心	国家海洋局第三海洋研究所	20 856	1103 属 3893 种

续表

序号	保藏机构名称	依托单位	保藏资源总量/株	种属多样性
10	广东微生物研究所菌种保藏管理中心	广东微生物研究所	9833	—
11	云南省微生物研究所保藏中心	云南省微生物研究所	约56 000	放线菌约22 000株、真菌约34 000株
12	荒漠病原菌物标本馆	塔里木大学生命科学学院	约20 000	荒漠病原菌
13	福建省农业科学院芽孢杆菌资源库	福建省农业科学院	超过20 000	芽孢杆菌
14	内蒙古农业大学乳酸菌菌种资源库	内蒙古农业大学	超过8000	乳酸菌
15	中国农业大学根瘤菌资源库	中国农业大学	约7000	根瘤菌
16	武汉病毒研究所微生物菌（毒）种保藏中心	武汉病毒研究所	约1500	病毒
17	耐辐射微生物菌种资源库	新疆农业科学院微生物应用研究所	约2000	耐辐射微生物
18	人间传染的病原微生物菌（毒）种保藏机构	中国疾病预防控制中心、中国医学科学院、青海地方病预防控制所等	—	人间传染病的细菌、病毒、真菌等病原微生物

数据来源：各保藏中心官网。

2.3.1.4 微生物种质资源国内外保藏情况对比分析

就资源保藏总量而言，截至2017年，我国保藏微生物种质资源总量约58万株。其中，专利菌种保藏量达19 849株，居全球第二，仅次于美国（35 057株）。但我国在特有生效描述种的数量上还处于明显劣势，以原核微生物为例，目前全球原核微生物生效描述种16 778个，分属于2898属（https：//bacdive.dsmz.de），其中，德国微生物与细胞培养物保藏中心（DSMZ）保藏了其中72.4%（12 139株）的典型菌株资源，美国典型培养物保藏中心（ATCC）保藏了24.9%（4187株）处于第二。我国的普通微生物菌种保藏管理中心（CGMCC）和典型培养物保藏中心（CCTCC）分别保藏了1009株和675株，占所有生效描述种的10.0%。从数据上看，DSMZ是世界上原核微生物保藏量最大的保藏中心。

在微生物种质资源保藏机构运行模式方面，一些发达国家已经形成了获取、鉴定、保存、研发和共享微生物遗传材料、信息、技术、知识产权和标准等多元化的服务模式，在该模式下运行的各微生物种质资源保藏机构，专业化程度

及国际认可度高，从而能进一步提高保藏机构在国内外微生物种质资源的获取、保存、发掘利用及分发使用上的水平。例如，目前涉及细菌新种发表的专业性期刊《国际系统与进化微生物学杂志》（IJSEM）会要求在新种发表时至少在2个国家的3个保藏机构进行保存，在此要求下，国际认可度高的菌种保藏机构就更容易收集到来自全球各地的具有不同特色的微生物遗传资源，从而丰富其保藏资源的多样性。我国微生物遗传资源保护工作相对于发达国家来说起步较晚，虽然目前国内的微生物种质资源保藏机构，特别是9家国家级的微生物菌种保藏机构，在微生物遗传资源的收集、保藏和共享上也逐渐形成了一套行之有效的运行模式，但是相较于美国、德国和日本等发达国家尚不够成熟，特别是在国际资源获取、信息资源挖掘、知识产权保护、国际参与度及资源高效利用方面还有待于进一步提高。

2.3.2 微生物种质资源主要保藏机构

2.3.2.1 微生物种质资源特色保藏机构

（1）中国农业微生物菌种保藏管理中心

中国农业微生物菌种保藏管理中心（Agricultural Culture Collection of China，ACCC）是专业从事农业微生物菌种保藏管理的国家级公益性机构，现保藏各类农业微生物资源 17 153 株，备份 378 007 份，分属于 497 属 1774 种，占国内农业微生物资源总量的 70% 左右，涵盖了国内几乎所有微生物肥料、微生物饲料、微生物农药、微生物食品、微生物修复、食用菌等领域相关的农业微生物资源。中心于 1979 年由科技部（原国家科委）批准成立，现挂靠在中国农业科学院农业资源与农业区划研究所，是国家微生物资源平台牵头单位，也是国际菌种保藏联合会（WFCC）成员。中心于 2015 年通过 GB/T 19001—2008《质量管理体系要求》、GB/T 24001—2004《环境管理体系要求及使用指南》、GB/T 28001—2011《职业健康安全管理体系要求》3 个质量管理体系认证。

（2）中国医学细菌保藏管理中心

中国医学细菌保藏管理中心（National Center for Medical Culture Collections，CMCC）为国家级医学细菌保藏管理中心，目前保藏各类国家标准医学菌（毒）种 10 594 株，备份 246 528 份，分属于 85 属 523 种，占国内医学细菌资源总量的 90% 左右，涵盖了几乎所有疫苗等生物药物的生产菌种和质量控制菌种。中心于 1979 年由科技部（原国家科委）批准成立，现挂靠在中国食品药品检定研究院，是国家微生物资源平台 9 家国家级微生物菌种保藏中心之一，也是国际菌种保藏联合会（WFCC）成员。中心设有钩端螺旋体、霍乱弧菌、脑膜炎奈瑟氏菌、沙门氏菌、大肠埃希氏菌、布氏杆菌、结核分枝杆菌、绿脓杆菌等专业实验室。中心于 2015 年通过 ISO 9001：2008 质量管理体系认证。

（3）中国药学微生物菌种保藏管理中心

中国药学微生物菌种保藏管理中心（China Pharmaceutical Culture Collection，CPCC）是国家级药学微生物菌种保藏管理专门机构，承担着药学微生物菌种的收集、鉴定、评价、保藏、供应与国际交流等任务。目前，中心所保藏的各类微生物菌种达 49 795 株，备份 224 996 余份，分属于 532 属 1228 种。资源来源丰富多样，包括北极、南极、海洋、沙漠、药用植物等特殊生境。中心于 1979 年由科技部（原国家科委）批准成立，是国家微生物资源平台 9 家国家级微生物菌种保藏中心之一，也是国际菌种保藏联合会（WFCC）成员。中心收藏的菌种以放线菌和真菌为特色，具有抗细菌（包括抗耐药菌和抗结核分枝杆菌）、抗病毒、抗真菌、抗肿瘤和酶抑制剂等多种生物活性。菌种主要包括以下 4 类：已知微生物药物产生菌、历年筛选过程中获得的多种生理活性物质产生菌、生物活性检定菌株和模式菌株及新药筛选菌株。

（4）中国工业微生物菌种保藏管理中心

中国工业微生物菌种保藏管理中心（China Center of Industrial Culture Collection，CICC）是国家级工业微生物菌种保藏管理专门机构，负责全国工业微生物资源的收集、保藏、鉴定、质控、评价、供应、进出口、技术开发、科学普及与交流培训。目前，中心保藏各类工业微生物菌种 12 085 余株 30 万余份备份，主要包括细菌、酵母菌、霉菌、丝状真菌、噬菌体和质粒，涉及食品发酵、生物化工、健康产业、产品质控和环境监测等领域。中心于 1979 年由科技部（原国家科委）批准成立，是国家微生物资源平台 9 家国家级微生物菌种保藏中心之一，也是国际菌种保藏联合会（WFCC）成员。中心于 2012 年在菌种保藏、加工、销售、鉴定评价、检测和菌种进口六大领域全面通过 ISO 9001：2008 质量管理体系认证。

（5）中国兽医微生物菌种保藏管理中心

中国兽医微生物菌种保藏管理中心（China Veterinary Culture Collection Center，CVCC）是唯一的国家级动物病原微生物菌种保藏机构，专门从事兽医微生物菌种（包括细菌、病毒、原虫和细胞系）的收集、保藏、管理、交流和供应。中心现收集保藏各类微生物菌种 8139 株，分属于 230 种（群），涵盖国

内 80%以上的兽医微生物资源。中心于 1979 年由科技部（原国家科委）批准成立，设在中国兽医药品监察所，同时，在中国农业科学院哈尔滨、兰州和上海兽医研究所设立分中心，负责部分菌种的保藏、管理，是国家微生物资源平台 9 家国家级微生物菌种保藏中心之一，也是世界菌种保藏联合会成员。

(6) 中国普通微生物菌种保藏管理中心

中国普通微生物菌种保藏管理中心（China General Microbiological Culture Collection Center，CGMCC）是我国最主要的微生物资源保藏和共享利用机构。作为国家知识产权局指定的保藏中心，承担用于专利程序的生物材料的保藏管理工作。1995 年，中心经世界知识产权组织批准，获得《布达佩斯条约》国际保藏单位的资格。中心现保存各类微生物菌种 61 000 余株 6100 余种。中心微生物基因组和元基因文库超过 100 万个克隆，用于专利程序的生物材料 12 000 余株，专利生物材料保藏数量位居全球 45 个《布达佩斯条约》国际保藏中心的第 2 位。中心于 1979 年由科技部（原国家科委）批准成立，隶属于中国科学院微生物研究所，是国家微生物资源平台 9 家国家级微生物菌种保藏中心之一，也是国际菌种保藏联合会（WFCC）成员。

(7) 中国林业微生物菌种保藏管理中心

中国林业微生物菌种保藏管理中心（China Forestry Culture Collection Center，CFCC）是国家级林业微生物菌种保藏管理专门机构，承担着林业微生物菌种收集、鉴定、评价、保藏、供应与国际交流等任务。目前保藏微生物资源 17 862 株，分属于 756 属 2626 种（亚种），备份 45.1 万份，基本涵盖了我国现有林业微生物菌种资源的多样性，代表了我国林业微生物菌种资源的特色和优势，是我国保藏林业微生物资源种类最多、数量最大、实力最强、产生社会效应最为广泛的林业微生物菌种保藏机构。中心于 1985 年由科技部（原国家科委）批准成立，现挂靠中国林业科学研究院森林生态环境与保护研究所，是国家微生物资源平台 9 家国家级微生物菌种保藏中心之一。

(8) 中国典型培养物保藏中心

中国典型培养物保藏中心（China Center for Type Culture Collection，CCTCC）是我国培养物保藏的专业机构之一，作为国家知识产权局指定的保藏中心，承担用于专利程序的生物材料的保藏管理工作。1995 年，中心经世界知识产权组织审核批准，成为《布达佩斯条约》国际确认的微生物保藏单位。目前保藏有来自 22 个国家和地区的各类培养物 39 636 株，分属于 1621 属 5142 种。中心于 1985 年经教育部（原国家教委）批准成立，是国家微生物资源平台 9 家国家级微生物菌种保藏中心之一，也是国际菌种保藏联合会（WFCC）成员。中心自成立起，开始按专利程序接受专利培养物的保藏，同时将原用于教学、科研与生产的菌株进行归类、复苏与保藏。

（9）中国海洋微生物菌种保藏管理中心

中国海洋微生物菌种保藏管理中心（Marine Culture Collection of China，MC-CC）是专业从事海洋微生物菌种资源保藏管理的公益基础性资源保藏机构，负责全国海洋微生物菌种资源的收集、整理、鉴定、保藏、供应与国际交流。目前库藏海洋微生物菌种 20 856 余株，分属于 1103 属 3893 种，从分离的海域看，已经涵盖了国内海洋微生物的所有的分离海域和生境，来源多样，除了我国各近海，还包括三大洋及南北极。整合了包括国家海洋局第三海洋研究所、国家海洋局第一海洋研究所、中国极地科学研究中心、中国海洋大学、厦门大学、香港科技大学、青岛科技大学、山东大学威海分校、华侨大学、中山大学 10 家涉海科研院所在内的近海、深海与极地的微生物菌种资源，库藏量占国内海洋微生物资源的 90% 以上。中心从 2004 年起进入建设阶段，现挂靠于国家海洋局第三海洋研究所，是国家微生物资源平台 9 家国家级微生物菌种保藏中心之一。

（10）中国科学院武汉病毒研究所微生物菌毒种保藏中心

中国科学院武汉病毒研究所微生物菌毒种保藏中心（Microorganisms & Viruses Culture Collection Center，Wuhan Institute of Virology，Chinese Academy of Sciences）（MVCCC，WIV，CAS）暨中国普通病毒保藏中心（CCGVCC）、中国科学院典型培养物 – 病毒库，始建于 1979 年，隶属于中国科学院武汉病毒研究所，1989 年注册于国际菌种保藏联合会（WFCC），2018 年被国家卫生健康委员会正式指定为国家级人间传染的病原保藏中心（国卫科教函〔2018〕76 号文），是一个集病毒资源收集保藏、病毒生物技术研发、系统病毒学及生物信息学研究为一体的综合性研究中心。中心主要从事病毒资源的收集、系统分类与保藏，是我国唯一专业从事病毒分类鉴定与保藏的机构，以保藏毒株种类多、数量大、生物安全等级高为显著优势，是亚洲最大的活体病毒保藏库。库内现保藏病毒 8 目 42 科 84 属 278 种 1693 株，保藏各类病毒资源达 11.8 万份，其中，高致病性病原微生物种类和数量占全国 90% 以上。中心已取得 ISO/IEC 17025：2005 实验室资质认定、ISO 9001：2015 质量管理体系认证，并被评为 EVAg 质量管理体系评审最高级别机构。

（11）国家级病原微生物菌毒种保藏中心

作为国家卫生健康委员会规划指定的国家级病原微生物保藏中心，中国疾病预防控制中心成立病原微生物保藏中心（包括传染病所分中心、病毒病所分中心、寄生虫病所分中心、艾防中心分中心4个分中心），并于2017年率先获得国家卫生计生委颁发的《人间传染的病原微生物菌（毒）种保藏机构资格证书》（国卫保藏–001号）。中国疾病预防控制中心在疾病监测工作过程中，收集保存了我国人间传染的各类致病性病毒、细菌、真菌、立克次体、螺旋体等引起39种法定传染病病原微生物资源，以及近年来全球新发、突发、再发等传染性疾病相关病原微生物，如中东呼吸综合征病毒（MERS）、发热并血小板减少综合征病毒（SFTSV）等。同时，中国疾病预防控制中心也是世界卫生组织、国家卫生健康委员会指定的某些特殊高致病性病原微生物唯一保藏单位。6家国家级保藏中心保藏病毒、细菌、真菌及其相关样本，保藏数量分别达到百万份以上。

2.3.2.2 国家微生物资源共享服务平台建设与服务情况

国家微生物资源共享服务平台服务内容包括实物共享、信息共享，同时提供资源相关的技术服务。共享方式包括公益性共享、公益性借用共享、合作研究共享、知识产权交易性共享、资源纯交易性共享、资源交换性共享等多种形式。

国家微生物资源共享服务平台以9个国家级微生物菌种保藏中心为核心，通过平台门户网站（http：//www.nimr.org.cn）及9个国家级中心各自的门户网站开展对外共享服务（表2–13）。截至2017年年底，平台库藏资源总量达237 120株，备份320余万份，分属于2484属13 373个种，整合了我国近40%的微生物资源。其中，对外可共享量达146 823株，占国内可共享菌种总量的80%以上。

表2–13 国家微生物资源共享服务平台及其9家可对外共享的资源保藏机构门户网站

机构名称	依托单位	保藏资源量/株	可共享量/株	共享服务网站信息
国家微生物资源共享服务平台	中国农业科学院农业资源与农业区划研究所	237 120	146 823	http：//www.nimr.org.cn/
中国农业微生物菌种保藏管理中心（ACCC）	中国农业科学院农业资源与农业区划研究所	17 153	16 318	http：//www.accc.org.cn/
中国医学细菌保藏管理中心（CMCC）	中国食品药品检定研究院	10 594	9072	http：//www.cmccb.org.cn/
中国药学微生物菌种保藏管理中心（CPCC）	中国医学科学院医药生物技术研究所	49 795	10 086	http：//www.cpcc.ac.cn/
中国工业微生物菌种保藏管理中心（CICC）	中国食品发酵工业研究院有限公司	12 085	11 909	http：//www.china-cicc.org/

续表

机构名称	依托单位	库藏资源量/株	可共享量/株	共享服务网站信息
中国兽医微生物菌种保藏管理中心（CVCC）	中国兽医药品监察所	8139	8139	http：//www. cvcc. org. cn/
中国普通微生物菌种保藏管理中心（CGMCC）	中国科学院微生物研究所	61 000	24 128	http：//www. cgmcc. net/
中国林业微生物菌种保藏管理中心（CFCC）	中国林业科学院森林生态环境与保护研究所	17 862	17 507	http：//www. cfcc-caf. org. cn/
中国典型培养物保藏中心（CCTCC）	武汉大学	39 636	28 808	http：//www. cctcc. org
中国海洋微生物菌种保藏管理中心（MCCC）	国家海洋局第三海洋研究所	20 856	20 856	http：//www. mccc. org. cn/

通过建设国家微生物资源共享服务平台，我国微生物资源共享服务用户范围不断扩大，有效地促进了微生物资源的利用。仅2017年，平台各网站访问人数超过87万，访问量达288万人次，访问页面数突破2000万页。平台平均每年为社会提供5万余株次的菌种实物共享服务及8000余项次的技术服务，服务对象涉及种植业、养殖业、食品、医药、公共卫生、烟草、日化、石油、冶矿、检验检疫等多个领域，服务用户数与建设初期相比增长了近3.6倍（图2-9），支撑了我国生物产业的发展和生物科研的进步。平台还通过接待参观访问、科普及组织培训的形式开展信息资源服务，平台平均每年接待超过80次3000人的参观，年度内组织超过40次1000人的培训。

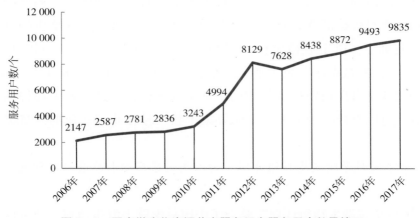

图2-9 国家微生物资源共享服务平台服务用户数量情况

平台持续为课题/项目的申报与开展、论文与著作的发表、专利的申请等提供科研支撑。自 2011 年以来，平台支撑科技项目数量逐年增加，支撑项目类别包括国家重点研发计划、863 计划、973 计划、国家自然科学基金、国家科技重大专项、国家科技支撑计划、基地和人才专项、国际合作项目、省部级项目及其他项目，平均每年支撑的项目达 1000 项左右（图 2 – 10）。

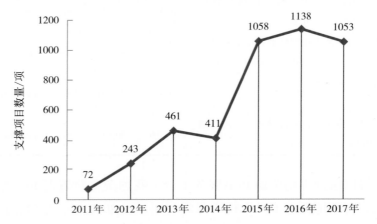

图 2 – 10　国家微生物资源共享服务平台 2011—2017 年科技支撑情况

2.3.3　微生物种质资源主要成果和贡献

（1）实现外来物种的准确识别与检测，有效支撑口岸检疫工作，保障国家生态安全

我国是遭受外来生物入侵最严重的国家，每年外来入侵生物在我国造成的直接和间接经济损失高达上千亿元。在国家重点研发计划课题"高频跨境寄生真菌高阶元多目标检测筛查技术研究"及中国科学院 STS"战略生物资源衍生库项目"资助下，由宁波检验检疫局与中国科学院微生物所共同合作，依靠"植物检疫性菌物数据库"技术平台，鉴定出 6 种植物病原真菌新种。新病原真菌物种的截获是口岸植物检疫领域的一项重大突破，对这些外来物种的准确识别与检测，可以直接减少因上述不明外来生物入侵在我国造成的经济损失和生态威胁。

（2）"中国科学院微生物组计划"为人类健康问题和社会可持续发展提供解决方案

"中国科学院微生物组计划"整合了中国科学院上海生命科学研究院、中国科学院生物物理研究所等中国科学院下属研究所和北京协和医院等 14 家机构的卫尔康信托基金会及苏格兰行政院共同出资成立，属于非营利慈善机构，是英国迄今以来规模最大的健康研究项目之一，全英国大约20所著名的大学参与其建设及科研工作，搜集了50万份来自英国各地40～69岁人群（英国总人口的1%）捐赠的DNA样本，并大规模收集其生活方式选择（包括营养、生活方式和药物使用等）和血缘数据，使用各种技术测定基因信息，跟踪记录他们余年中医疗档案的健康资料，其目的是建成世界最大的有关致病或预防疾病的基因和环境因子的信息资源库，探求一些特定基因、生活方式和健康状况之间的关系，提高对一些遗传类疾病致病基因的理解，包括癌症、心脏病、糖尿病和一些特定的精神疾病。该生物样本库的样本主要来自公众志愿者的捐赠，样本包括血样、尿样、遗传数据和生活方式等个人医疗详细信息。其建设的目的就是试图通过结合这些志愿者过去多年累积下来的医疗资料和对其生活方式及习惯等进行的跟踪研究，找到那些引发大范围环境压力和对生命健康造成威胁的因素。该生物样本库向"遗传和环境的复杂互作与患病危险"的研究人员提供其所采集的材料，研究英国人的健康状况受生活方式、环境和基因影响的情况，寻求对癌症、心脏病、糖尿病、关节炎等疾病的预防、诊断和治疗的更好途径。

（2）德国国家队列生物样本库

德国国家队列（German National Cohort，GNC）生物样本库是一个由德国亥姆霍兹联合会与弗劳恩霍夫联合会、高等院校和其他研究机构的科学家组成的一个跨学科联合项目，其目的是调查慢性疾病发生发展的主要原因，如心血管疾病、癌症、糖尿病、神经退行性精神疾病、骨骼肌疾病、呼吸和传染病，以及其临床前期阶段和功能性健康障碍。在德国，一般人群的随机样本是通过对18个区域研究中心随机抽样获得，共包括10万名女性和10万名男性，年龄在20～69岁。对于所有的队列参与者而言，项目进行中会收集多种类型的生物样本，如全血、血清、EDTA血浆、白细胞、红细胞、PAXgeneRNA、尿液、唾液、鼻黏膜分泌物及粪便。基准评估包括了广泛的访谈和自我完成的问卷调查，广泛的医疗检查及各类型生物样本的收集。在一个随机抽取的占所有参与者比例20%（数量为4万人）的亚组中，再进行第二阶段强化项目测试。另外在18个研究中心的其中5个研究中心，对共计3万名研究参与者进行核磁共振影像分析研究，并且所有这些参与者同时也参加第二阶段强化项目测试。4～5年之后，所有参与者还将被邀进行重新评估。慢性病的各个节点信息将通过主动随访（包括每2～3年的调查问卷）和沟通记录的组合方式进行收集。随着时间的推

移，这些信息的组合有可能为解决疾病提供方法，为其生物机制提供线索并提供合理的解释。GNC 将成为未来德国流行病学研究的一个核心平台，对推动疾病防治、提高疾病早期检测和加强常见慢性疾病的预后评价新策略的发展，具有强大的潜力。凭借其对所有研究参与者广谱的检查、系统的重新评估和高品质的生物样本，这种大规模的队列研究为以人口为基础的纵向研究提供了很好的研究工具，并且大规模嵌入式 MRI 计划是 GNC 的另一个独特的资产。对于 GNC 来说，非常独特的是，几乎整个德国流行团队的计划和实施都直接参与现场工作，基于以上研究成果，GNC 在德国流行病学家和其他健康科学家的科学合作网络中奠定了坚实的基础。

（3）泛欧洲生物体样本库与生物分子资源研究设施

欧盟于 2008 年建设的泛欧洲生物体样本库与生物分子资源研究设施（Biobanking and Biomolecular Resources Research Infrastructure, BBMRI），是欧盟研究基础战略路线图的重要组成内容，主要目的是整合和升级欧洲现有生物样品收集、技术和专家资源共享服务平台，扩大和维持欧洲研究和产业，提高生物医学和生物领域在全球范围内的竞争力；主要工作是提供不同形式的生物样本（DNA、组织、细胞、血液和其他体液）及相关医疗、环境、生活方式和随访数据存储，支持大人群研究、临床案例/对照人群研究，制备保藏生物分子资源，包括抗体和亲和分子库、siRNA 文库、蛋白、细胞资源等，建立高通量分析技术平台和其他工具行技术，制定并实施生物样品管理、数据库和生物计算基础设施的统一标准，组织伦理、法律和社会服务等。欧盟还规划了其他基础设施，其中，欧洲高级医药研究转化基础设施（European Advanced Translational Research Infrastructure in Medicine, EATRIS）和欧洲临床研究基础网络（European Clinical Research Infrastructures Network, ECRIN），与 BBMRI 共同构成与从研究、发现到开发各个步骤相对应的人体生物样品管理的基础设施平台；通过整合结构生物学平台（INSTRUCT）、作为人体疾病模型小鼠功能基因组学平台（INFRAFRONTIER），与 BBMRI 等一起构成生物分子资源管理基础设施平台。生物信息学基础设施（European Life Science Infrastructure For Biological Information, ELIXIR）则是上述基础设施平台之间的数据共享平台。

（4）国际生物及环境样本库协会

1999 年成立的国际生物及环境样本库协会（International Society for Biological and Environmental Repositories, ISBER）是美国病理研究学会（American Society

空腹血糖、血肌酐、ALT、尿酸、甘油三酯、总胆固醇、高密度脂蛋白和低密度脂蛋白。全球城乡自然人群队列（中国）生物样本库由北京高血压联盟研究所负责收集，国家人类遗传资源中心负责保藏。

（3）复旦大学泰州自然人群队列生物样本库

复旦大学泰州健康科学研究院以泰州 500 万常住人口为中国人群的代表人群，以其中 35~65 周岁的城乡社区居民作为研究对象，关注中国人群高发的多种慢性疾病（如心脑血管疾病、多种代谢性疾病、消化道肿瘤等）。截至 2017 年 12 月底，已建成约 20 万人的社区健康人群队列，建成一个大型的生物样本库，包括血液、唾液、齿缝、尿液、大便及固体组织样本，已拥有 20 万人份的生物样本及相关信息，该样本库也是我国最大的单一地区健康人群生物样本库。

（4）公安部物证鉴定中心中华民族分子画像遗传资源库

公安部物证鉴定中心负责建设的中华民族分子画像遗传资源库，样本类型包括静脉血、DNA、血卡、口腔拭子等，包括我国境内 52 个人群的 7300 份样本，涵盖阿尔泰、汉藏、苗瑶、侗台、南亚、印欧 6 个语系的典型人群，采集自新疆、西藏、湖北、河南、山东、江西、广东、广西、青海、甘肃、云南、北京、四川、内蒙古 14 个省级行政区，其中，青海、甘肃、广西、江西、河南、山东、新疆等地约 2000 份样本信息包含了年龄、民族、身高、体重、2D 和 3D 面部扫描等表型信息。

（5）浙江大学医学院附属第一医院城乡重大传染病队列生物样本库

浙江大学医学院附属第一医院采集来自浙江省湖州市吴兴区、南浔区、安吉县、德清县、桐乡市、桐庐县、绍兴市柯桥区、舟山市普陀区、直属区、三门县、仙居县、玉环县 12 个县（市、区）179 个乡镇（街道）的户籍常住自然人群，代表当地实际人口分布特征，部分人群拥有系列样本，能够展现目标疾病相应的抗体消长规律。同时，完成县（市、区）基本信息、居民个人基本信息、既往史和接种史、传染病相关问诊和查体、居民乙肝/艾滋病/结核病筛查等 100 余项结果的采集。该样本库为探索不同经济发展水平、不同地理地貌（山区、平原、海岛）与重大传染病（乙肝、艾滋病、结核病）的关系提供实验材料。

（6）中山大学中山眼科中心广州市双生子生物样本库

中山大学中山眼科中心通过人口出生资料和逐户家访等方式，在广州市建立了以人群为基础的双生子登记系统，登记了 9700 对 7~15 岁青少年双生子和

1500 多对 50 岁以上的老年双生子，建成世界上单一城市最大样本量的双生子登记系统。从 2006 年开始，该样本库收集了 1300 对 7～15 岁青少年双生子眼部和全身相关表型，每年进行一次眼科和全身检查，包括眼部表型（屈光度、角膜曲率、前房深度、眼轴长度等）、全身表型（身高、体重、血压等），随访时间已经长达 11 年。同时单次采集了眼底图片、视网膜光学相干断层扫描、青光眼相关参数、血糖、血脂、肝肾功能，以及外周血 DNA 基因型数据库等表型。该样本库为研究我国青少年最常见的眼病——近视，提供最宝贵的遗传研究资源，同时，对 100 对 50 岁以上老年双生子单次采集了以上所有表型。

（7）广州呼吸疾病研究所/呼吸疾病国家重点实验室支气管哮喘生物样本库

支气管哮喘生物样本库主要由哮喘患者生物样本库和样本信息资料库组成，该资源库生物样本根据不同哮喘亚型进行收集。储存样本类型包括血液样本、细胞提取培养样本和组织样本等，生物样本库从 2007 年开始建库，病例总数达 2 万多例。该样本库每个病例均采用国际上公认的 IgE 检测金标准方法（Immu-noCAP）进行变应原特异性 IgE 检测或总 IgE 检测，具有大量的常见变应原特异性 IgE 阳性血清，也是国内最大型的具有变应原 sIgE 阳性生物样本库，并与国内外多家变应原诊断试剂公司合作，开展多项变应原检测方法学验证和比对试验，是很多单位进行诊断试剂 CFDA 注册验证的牵头单位。该样本库还包括城市和农村儿童过敏性疾病流行病学调查的临床及环境样本，收集了血清、血浆、PAX 血、唾液、诱导痰、大便、DNA、家居床尘等类型样本，以探讨城乡环境对儿童免疫系统调节的影响及相关机制。

（8）上海交通大学医学院附属新华医院出生队列遗传资源库

由上海交通大学医学院附属新华医院建立的出生队列遗传资源库，来自上海优生儿童队列和千天计划两个大型的出生队列，从孕前开始跟踪至儿童 2 岁，并建立与之相适应的信息采集管理系统和大型生物样本库，重点通过对每个家庭进行孕前、孕早、中、晚、分娩，产后的多次随访，填写问卷收集每个阶段家庭和个人的各种信息，收集的生物样本主要包括父亲的精液和血液、母亲的血液和尿液、孩子的脐血和胎盘等，其中，血液可分为血清、血浆、血凝块、血沉棕黄层等。该资源库可为研究各种环境暴露因素对妊娠相关疾病、出生缺陷、儿童生长发育迟缓、肥胖等各种儿童期急性和慢性疾病，甚至成人疾病等的影响提供宝贵的实验材料。

（9）生物芯片上海国家工程研究中心肿瘤生物样本库

生物芯片上海国家工程研究中心建立了较大规模、高质量、临床病理资料完备的以肿瘤为主的国际一流水准的生物样本库，拥有国际水准的组织生物样本收集、运输、储存的标准化流程、质量控制体系、安全监控系统与信息化管理系统。截至 2017 年 12 月底，生物样本库拥有 30 余万份肿瘤样本，成功启动投资近 1 亿元的上海张江生物银行，建立了对外服务平台。

（10）第四军医大学肿瘤生物学国家重点实验室消化系统疾病生物样本库

消化系统疾病生物样本库以第四军医大学第一附属医院西京消化病医院、肿瘤生物学国家重点实验室为依托，主要收集消化系统肿瘤患者及胃癌高发地人群的血样，包括全血、血清和血细胞及手术患者的组织等。总计可存储容量达 50 万份，完整保存临床消化系统疾病相关标本 136 584 份、高危流行病区疾病普查样本 46 697 份（来自胃癌高发地甘肃省武威市的 29 个抽样调查点）。在库的所有样本均有完善的临床资料或流行病学调查信息，以及不断更新的随访信息。

（11）国家基因库

国家基因库于 2011 年 10 月由发展改革委、财政部、工业和信息化部、卫生计生委四部委正式批复建设，于 2016 年 9 月 22 日正式在深圳运行。国家基因库以共享、共有、共为，公益性、开放性、支撑性、引领性为宗旨，在一期"干湿"库结合的基础上，拓展国家基因组库平台功能模块，初步完成生物资源样本库（湿库）、生物信息数据库（干库）、动植物资源活体库（活库），以及数字化平台（读平台）、合成与编辑平台（写平台）所构成的"三库二平台"的功能布局。在基因库二期的建设中，将进一步提升现有平台能力及进行功能模块的完善，继续建设优化"三库二平台"，打造集"生命密码"的"存""读""写"能力于一体的综合平台，促进生命科学领域的大资源、大数据、大科学、大产业的联动，进一步提高我国生命科学研究水平，促进生物产业发展。

（12）国家人类遗传资源中心

国家人类遗传资源中心是发展改革委投资，在北京市中关村生命科学园征地 62 亩建设的大型科研基础设施，其中，大型自动化生物样本存储系统由智能物联网监控的大型全自动数字化低温和超低温存储系统组成，单体储存能力达到 5000 万人份以上，是目前世界最先进的大规模生物样本库存储系统；配套大规模生物样本处理制备的大型开放实验室和 GMP 生物样本制备实验专区及大型网络信息中心，可以支撑大规模生物样本制备存储和数据信息的映射存储与复杂计算。国家人类遗传资源中心还建立了由生命组学、生命能源、生命制造、移植再生、智能计算等研究中心组成的前沿科学平台，可支撑人类遗传资源的深层次加工，资源产品的开发转化及知识化、专业化服务。

3.1.3 人类生物样本资源主要成果和贡献

（1）国家人类遗传资源中心全球心肌梗塞（中国）生物样本库助力国人急性心肌梗死预警标志物筛选

在大多数发达国家，心血管相关疾病死亡率在逐渐下降，但全球心肌梗死的患病率仍在增加，急性心肌梗死（AMI）危险因素的资料大部分来源于发达国家的研究，而在发展中国家，有关心脏病的病因资料很少，来源于发达国家的研究结果是否适用于其他不同地区，目前仍不十分清楚。因此，在50多个国家进行的这种病例对照研究，主要目的是证明种族和/或地域划分的人群中一系列危险因素与急性心肌梗死的关系，并且评价这些危险因素在上述人群间的相对危险性。国家人类遗传资源中心全球心肌梗塞（中国）生物样本库，是从全国26个中心入选了3030个初发急性心肌梗死的病例，并入选了与年龄、性别、地区相匹配的3056名对照，并将DNA和血浆样本保留在生物样本库中。利用生物样本库检测指标，阐述了9个重要的可干预的危险因素，可以解释90%以上的心肌梗死发病风险，其中以ApoB/ApoAI作为最重要的危险因素，研究结果分别发表在了 *Lancet* 上，中国国内的 INTERHEART-China 病例对照研究结果发表在 *Heart* 上，遗传方面的研究结果发表在 *PLoS Medicine*、*Molecular Psychiatry*、*Atherosclerosis*、*PLoS One* 等期刊上。

（2）广州呼吸疾病研究所/呼吸疾病国家重点实验室慢性阻塞性肺疾病生物样本库为国内呼吸系统疾病基础研究、临床研究和个体化治疗提供资源支撑

慢性阻塞性肺疾病生物样本库严格执行呼吸疾病遗传资源库的规范和标准，进行统一的管理和操作。该样本库主要包括慢性阻塞性肺疾病和肺动脉高压，样本类型包括全血、血清、血浆、尿液、DNA工作液、DNA原液和PBMC等。慢性阻塞性肺疾病生物样本库实现了电子化管理，病例总数达到4000例，样本总储存量为6万份左右。研究成果发表在 *Copd*、*EBioMedicine*、*Int J Chron Obstruct Pulmon Dis*、*Pulm Circ*、*Environ Sci Pollut Res Int*、*American Journal of Respiratory and Critical Care Medicine*、*Frontiers in Microbiology* 等SCI杂志，相关在研项目包括科技部"精准医学研究"重点专项（2016YFC0903700，320万元）、国家自然科学基金重点国际合作项目（8151001209，250万元）等。慢性阻塞性肺疾病的局部免疫及系统免疫研究获得 ATS International Trainee Scholarship Award等奖项，发表SCI论文70余篇，建立常见呼吸道病原体诊断方法超过30项，申请专利多项，获多项科技部及省市级奖项。

（3）公安部物证鉴定中心中华民族分子画像遗传资源库为反暴力恐怖、重大案件检验和涉案人员族群推断提供科学依据

利用中华民族分子画像遗传资源库，研发了东亚、欧洲、非洲及其混合人种 27 重 SNP 推断体系，用于案件检验，族群推断所依据的参考人群库包括 3090 份样本，其中的 1200 份来源于本样本库。基于该样本库已经建立了东亚、欧洲、非洲三大人种推断技术方法，用于公安实战，方法已经在新疆生产建设兵团公安局、新疆和田市公安局、北京市公安局等 23 家公安实战单位推广应用，在 825 专案等 50 余起案件中发挥了作用。该技术在新疆生产建设兵团公安局建立了推广试点，指导兵团公安局检验了 10 起案件。该技术为涉案人员的族群来源提供科学依据，发挥了如下作用：一是案件定性，确定是普通刑事案件还是涉恐案件；二是确定涉案人员族群、地域、身份，为侦查提供线索或处置依据。

（4）全国公共脐带血生物样本库面向全国临床移植医院提供造血干细胞移植治疗服务

由国家人类遗传资源中心牵头，联合北京脐血库、天津脐血库、山东脐血库、广东脐血库、浙江脐血库及四川脐血库，共建全国公共脐带血细胞资源中心，搭建全国公共脐带血细胞资源平台，开展全国公共脐带血生物样本库信息数据维护、临床配型查询、数据统计分析、权限管理分配、系统资源配置等业务。其中，检索系统的配型算法以整库筛选的方式实现点位匹配，患者分型信息和造血干细胞库中每份资源分型信息采取交集配对，位点匹配排除等位基因的干扰，确保配型的准确性和有效性。截至 2017 年 12 月底，全国公共脐带血细胞资源中心为临床移植医院提供造血干细胞，完成了 1103 例移植治疗，涉及血液病、恶性肿瘤、骨髓衰竭、先天性代谢性疾病和先天性遗传病、免疫功能紊乱等 100 多种疾病。

（撰稿专家：马旭、赵君）

3.2　人类干细胞资源

3.2.1　人类干细胞资源建设和发展

3.2.1.1　人类干细胞资源

干细胞是一类能够自我更新、具有多向分化潜能、能分化形成多种细胞类

型的细胞。同时，干细胞根据不同的特征和标准可分为不同类型。目前，干细胞研究和转化主要涉及三类人的干细胞资源：人成体干细胞（human somatic stem cell，hSSC）、人胚胎干细胞（human embryonic stem cell，hESC）和人诱导多能干细胞（human induced pluripotent stem cell，hiPSC）。hSSC 从特定组织获得，包括人间充质干细胞（human mesenchymal stem cell，hMSC）和组织特异性干细胞。hESC 来源于受精后囊胚的内细胞团，可分化为各种干细胞和组织细胞类型，具有无限增殖和多向分化潜能。hiPSC 是一种由成体细胞经重编程因子或化合物诱导等方法逆分化形成的多能干细胞，与胚胎干细胞拥有高度相似的自我更新能力和向三胚层细胞分化的潜能。

伴随着生物技术与遗传科学研究的发展，干细胞资源在基础研究、生物制药、疾病预防及解读人类生存密码等方面的价值越来越凸显，已经越来越为世界各国所认识。根据资源调查统计，截至 2017 年年底，全球干细胞资源保藏机构约 20 个，保藏类型包含 hESC、hiPSC、hMSC 等。

3.2.1.2 人类干细胞资源国内建设情况

干细胞资源的保藏主要在细胞库里进行，我国现有的干细胞库有三大类：一是由科技部从战略资源角度通过国家科研计划支持建立的干细胞资源库；二是参照血库建立的脐血干细胞库，经批准的有北京、天津、上海、浙江、山东、广东、四川干细胞库 7 家；三是企业自主建立的干细胞库，一般通过与科研院所合作，共同出资建立公司控股的各地区脐带血库或建设自体干细胞库。

截至 2017 年年底，我国各干细胞库资源保藏情况（表 3 – 1）：中国科学院动物研究所北京干细胞库人类细胞资源库存量约 760 株，包括临床级 hESC 262 株、hMSC 120 株、hiPSC 216 株、多能干细胞分化来源的功能细胞 30 株、人成体细胞约 70 株；同济大学医学院华东干细胞库建立并储存了 hMSC100 株、hiP-SC 19 株，总计 119 株；中国科学院广州生物医药与健康研究院南方干细胞库拥有 hiPSC、hESC 共 80 株；中国科学院上海生科院生化细胞所中国科学院干细胞库，已收集、保存了各类 hESC、hiPSC、hSSC 共 100 余株。按照细胞类型统计，hESC 共 320 株，hiPSC 共 275 株，hMSC 共 230 株。

表3-1 科技部支持建立的细胞库干细胞资源分析

保藏机构名称	依托单位	细胞类型	库容/株	备注
北京干细胞库	中国科学院动物研究所	hESC、hiPSC、hMSC	760	临床研究为主
中国科学院干细胞库	中国科学院上海生科院生化细胞所	hESC、hiPSC、hSSC	100	基础研究为主
南方干细胞库	中国科学院广州生物医药与健康研究院	hiPSC、hESC	80	基础研究为主
华东干细胞库	同济大学	hiPSC、hMSC	119	基础研究为主

3.2.1.3 人类干细胞资源国内外保藏情况对比分析

根据资源调查统计，截至2017年年底，国际上其他国家的主要保藏机构保藏各类资源总量和资源情况（表3-2）：欧洲诱导多能干细胞库旨在解决hiPSC研究人员对于高质量、与疾病相关的临床级hiPSC细胞系、数据及细胞服务的日益增长的需求，共储存了782株hiPSC细胞系；英国干细胞库为全球干细胞研究人员保藏和提供符合伦理要求的、高质量标准的hESC，共有64株细胞系，其中可用于人类的细胞系共38株；美国国家干细胞库拥有合格细胞系共计390株；日本RIKEN细胞库主要是寄存、标准化、保藏和分配由生命科学界培养的动物细胞系，拥有干细胞系510余株；韩国疾病预防与控制中心拥有hESC 91株。

表3-2 各国干细胞库干细胞资源分析

保藏机构名称	支助类型	细胞类型	库容/株
欧洲诱导多能干细胞库	政府资助/非营利	hiPSC	782
英国干细胞库	政府资助/非营利	hESC	64
美国国家干细胞库	政府资助/非营利	hESC	390
日本RIKEN细胞库	政府资助/非营利	hESC、hiPSC	510
韩国疾病预防与控制中心	—	hESC	91

国内外保藏情况对比分析发现：①从细胞资源类型上来看，国内主要集中在hESC、hiPSC、hMSC三大类，而国外主要集中在多能干细胞类型上，尤其关注hESC的研究。②从细胞资源量上来看，在世界范围内，英国干细胞库作为最知名、最成熟的人类胚胎干细胞库，目前库存的hESC共64株，其中，临床级细胞系38株、科研用细胞系26株。美国国家干细胞库截至2017年年底，拥有合格细胞系390株（含175株提交的细胞系）。可见，在国际范围内，我国的

hESC 及 hiPSC 资源量位居世界前列。③从细胞资源制备的流程和细胞质量上来看，中国科学院动物研究所的 hESC 是在完全无动物源成分、完全细胞治疗体系（cell therapy system）下建立和培养的，制备过程中对人、机、料、法、环 5 个方面进行控制和监督，遵从一系列的管理规程和标准操作规程，最大限度保证细胞资源质量的均一性，且多株细胞系已经通过中国食品药品检定研究院的质量复核。④从细胞资源的收集模式上来看，国内的细胞资源以自建为主，国外的细胞库里很多细胞资源是通过收集而来的。⑤从资助类型上来看，无论是国内还是国外的细胞库，基本都是由政府支持的非营利目的的细胞库。

3.2.2 人类干细胞资源主要保藏机构

（1）英国干细胞库

英国干细胞库（UK Stem Cell Bank，UKSCB）是世界最知名、最成熟的人类胚胎干细胞库。2002 年，英国建立了世界上第一个国家胚胎干细胞库——UK-SCB，由英国医学研究理事会（British Medical Research Council，MRC）和英国生物技术与生物科学研究委员会（British Biotechnology and Biological Sciences Research Council，BBSRC）建立，二者已投资 1100 余万英镑，至 2011 年向干细胞库持续提供先进设备、先进设施和运行经费。2011 年 12 月，第一批临床级干细胞存入 UKSCB，标志着干细胞库进入新的时代。此后，英国发起人类诱导多能干细胞倡议（Human Induced Pluripotent Stem Cell Initiative，HIPSCI），并获得了 MRC 和慈善研究机构威康信托的 2050 万美元经费资助。

UKSCB 和人类干细胞系利用英国督导委员会制定人类干细胞系使用操作规范，为英国人类干细胞研究提供框架。尽管操作规范重点关注人类胚胎干细胞系，但也为从其他人类组织获得的干细胞系提供了参考。就干细胞系存储和获取规范来看，所有人类胚胎干细胞系或胚胎衍生的其他细胞系的存储和获取都必须经英国督导委员会批准。胚胎以外的来源（如 hSSC 或 hiPSC）衍生的干细胞系则可以通过直接与 UKSCB 联系进行存储和获取。

UKSCB 依托于英国国家生物制品检定所，其目标是成为干细胞领域的国际资源，为全球干细胞研究人员保藏和提供符合伦理要求的、高质量标准的 hESC。该细胞库除了具有获取和分配研究级细胞系的能力外，还投入大量的时间、精力和经费用于收集和分配符合英国和美国监管要求、移植入人体的临床级 hESC。该细胞库政策的透明使得人们可以在线获取其政策和流程。截至 2017 年年底，UKSCB 收集 hESC 共 64 株，可用于人类临床研究的细胞系共 38 株，只能用于基础研究的细胞系共 26 株。

（2）北京干细胞库

北京干细胞库成立于 2007 年，是依托于中国科学院动物研究所，在科技部重点基础研究发展计划项目"干细胞资源库与干细胞研究关键技术平台的建立"、中科院先导 A 类项目"干细胞和再生医学专项"的大力支持下自主建立的干细胞库，也是我国首家临床级干细胞库，拥有符合中国相关政策的第一株临床级别的 hESC。

截至 2017 年年底，共获得人类细胞资源库存量达 760 株，其中，多株 hESC 及 hESC 分化来源功能细胞通过中国食品药品检定研究院的质量复核，关于临床级细胞评价的研究发表于国际干细胞研究组织官方杂志 *Stem Cell Reports*，细胞质量得到了领域内国内外专家的认可。

2017 年 11 月 22 日，由北京干细胞库等单位发布了我国首个干细胞通用标准《干细胞通用要求》，该标准将在推动干细胞行业的规范化和标准化发展、保障受试者权益、促进干细胞转化研究等方面发挥重要作用。

为了更好地评价临床级 hESC 分化来源功能细胞的安全性和有效性，北京干细胞库建立了多种动物模型和功能评价平台，开展了肺纤维化、肝衰竭、黄斑病变及心肌梗死等疾病模型的有效性验证，为临床研究提供安全和有效性的依据。细胞库开展了世界首批基于配型的胚胎干细胞分化细胞临床移植研究和我国首例子宫内膜异体细胞再生再造产生的健康临床研究婴儿工作，共参与国家两委备案的 5 项干细胞临床研究项目。此外，细胞库还建立了干细胞数字化身份识别系统及干细胞可溯源信息系统，更好地保证了干细胞资源收集、鉴定、处理、保藏与对外共享的标准化。

（3）华东干细胞库

截至 2017 年 12 月，华东干细胞库已建立并储存来源于正常人和阿尔兹海默病患者的 hiPSC 细胞株 19 株，存储 hMSC 100 份；构建了《干细胞库运行质量管理规范》（Good Stem Cell Bank Practice，GSCBP）；建立了全方位管理干细胞的入库、出库、物流、研发、存储等过程的全面管理规范，包括干细胞研究伦理审查体系、材料转移协议（MTA）、干细胞资源共享机制等文件。在初步建立了连接全国四大干细胞库的 CSCB-SQMS 的基础上，建成了国内最有影响的干细胞资源信息和服务的网络平台——"再生泉"中国干细胞网（http：//www. chinastemcell. org 和 http：//www. chinastemcell. org. cn）。

（4）南方干细胞库

南方干细胞库依托于中国科学院广州生物医药与健康研究院，存储各民族

尤其是特有民族和隔离人群的细胞和相关组学信息；基于从尿液来源细胞诱导多能干细胞及神经干细胞的创新技术体系，建立尿液种子细胞储存库；开发引进先进的管理软件和硬件设施对细胞库进行标准化的系统管理，保证细胞库高效运行。细胞库基于项目建立的细胞的供者筛查、组织采集、细胞分离、培养、冻存、复苏、运输及检测等的通用标准，以临床级细胞自动化制备技术为核心，在华南地区为其他科研单位提供干细胞及相关功能性细胞的获得和鉴定服务的技术平台。

南方干细胞库以广州为核心，主要服务于粤港澳大湾区内干细胞与再生医学的研究团队，辐射到整个华南地区。一方面，细胞库收集到的细胞具有华南地区的地域特色，着重于保藏我国华南地区包括特有民族和隔离人群在内各个民族的细胞资源；另一方面，细胞库服务于粤港澳大湾区乃至华南地区干细胞与再生医学的优势研究团队，着重于保藏这些团队在研发中产生的新型和特有的细胞资源。作为高规格、高容量的细胞存储库，为细胞治疗技术和临床转化提供创新性的公共资源平台和基础设施。

3.2.3　人类干细胞资源主要成果和贡献

（1）制定国内首个干细胞标准

依托干细胞资源的研究结果，2017 年 11 月 22 日，中国科学院动物研究所北京干细胞库主导起草并联合发布了国内首个干细胞国家标准《干细胞通用要求》。该标准是在中国细胞生物学学会干细胞生物学分会领导下，由北京干细胞库、中国标准化研究院和中国计量科学研究院等单位参照国内外相关规定，并征询干细胞领域多方专家的建议共同起草制定的，经广泛征求意见，最终修订发布。

《干细胞通用要求》是根据国家标准化管理委员会 2017 年发布的《团体标准管理规定》制定的首个针对干细胞通用要求的规范性文件，标准围绕干细胞制剂的安全性、有效性及稳定性等关键问题，建立了干细胞的供者筛查、组织采集、细胞分离、培养、冻存、复苏、运输及检测等的通用要求。在国家标准发布之前，作为团体标准的《干细胞通用要求》的出版，可以为从事干细胞研究，包括干细胞研发机构、备案医院和干细胞库建设的人们提供具有国际水准的、已达成行业共识的、专业的参考和依循，将在规范干细胞行业发展、保障受试者权益、促进干细胞转化研究等方面发挥重要作用。

（2）基于细胞资源和细胞研发技术，支撑细胞领域基础研究进展

利用干细胞资源，开展了大量细胞相关领域的研究，并获得了一批研究成

果：①关于调控 hESC 向肝系细胞分化的机制研究，为多能干细胞分化提供细胞生物学的机制，为解决干细胞在再生医学中的应用打开一扇新门窗，促进细胞命运调控理论体系的建立。②获得符合中国相关法规的临床级别的 hESC，得到国内外领域专家的认可。③在帕金森病猴子模型上经过长期的跟踪，验证了 hESC 分化来源的多巴胺神经前体细胞的安全性和有效性。④通过对干细胞命运诱导过程的研究，发现细胞命运转换也遵循一个二进制规律。科学家通过对染色质的开放与关闭的研究，发现在体细胞诱导为干细胞时，染色质与细胞变化有关的位置存在一个"开—关"的基本调控逻辑，并因此阐述了干细胞诱导过程的变化机制。⑤解锁 hESC 命运转化的奥秘，发现 PRC2 复合物决定 hESC 是否能向整个外胚层谱系分化，并在维持"naive"（幼稚态）和"primed"（始发态）两种状态的 hESC 多能性中发挥不同作用。⑥发现 DNA 被动去甲基化在体细胞重编程中的新作用。⑦在亚细胞水平发现了多能性获得中内涵体、自噬体、线粒体等细胞内膜系统膜转运，进行细胞器组分重塑和功能变化的规律。

（3）提供细胞资源和临床前研究技术，服务于国家干细胞与再生医学重大发展战略，支撑临床项目的研究和实施

为进行系列的干细胞治疗安全性研究，依托干细胞资源开展了一系列的临床前动物模型研究，如以眼睛为靶器官，测试各种不同来源的 hESC 细胞的成瘤性，逐级采用不同的干预手段，从畸胎瘤的发生，转为神经瘤/神经组织过度增生的发生，最后通过联合干预方案极大地减少了干细胞移植所致肿瘤的发生，为 hESC 的进一步临床应用提供了可靠的实验数据和指导作用。此外，在动物模型视网膜下腔移植 hMSC 干预视网膜变性研究获得满意效果，为 hMSC 的临床应用做准备。以视网膜色素变性和黄斑变性为目标症状，利用 RCS 大鼠模型进行 hESC 分化来源的视网膜色素上皮细胞的移植，验证该类细胞的安全性和有效性。以帕金森病为目标症状，利用大鼠和猴子进行帕金森病造模，移植 hESC 分化来源的神经细胞，验证该类细胞在治疗帕金森病上的安全性和有效性。

依托干细胞资源，开展了一系列的临床研究，如"人胚胎干细胞来源的神经前体细胞治疗帕金森病""人胚胎干细胞来源的视网膜色素上皮细胞治疗干性年龄相关性黄斑变性"。这些临床研究项目是通过卫生计生委和食药监总局备案的干细胞临床研究，是世界首批基于细胞配型进行的人类干细胞临床研究，也是全球首个基于配型使用的 hESC 分化细胞治疗帕金森病的临床研究。还承担了多项国家重点研发计划"干细胞及转化研究"重点专项。

（4）推动国际干细胞协作研究

国际干细胞研究学会（International Society for Stem Cell Research，ISSCR），

在全球 60 多个国家和地区拥有 4000 多名成员，旨在推动和促进与干细胞有关的信息和想法的交流与传播，推进干细胞研究和应用领域的专业和公共教育及干细胞科学家、医生间的全球协作，促进生物干细胞的研究和临床应用。依托于前期干细胞资源的研究经验和结果，中国细胞生物学会干细胞分会人员在 ISSCR 2016 年发布 *Guidelines for Stem Cell Research and Clinical Translation* 之后，立即组织专家完成了中文稿《干细胞临床转化指南》的翻译，以期为中国的干细胞研究与转化提供参考，并促进中国干细胞研究和转化法规的发展和完善，为推动干细胞临床转化国际化提供支持。

国际干细胞组织（International Stem Cell Forum，ISCF），是一个非营利国际组织，由各个成员国的干细胞管理机构和基金组织组成。目前，ISCF 有 22 个正式成员国、3 个观察员国家，中国于 2007 年正式加入，中国科学院是 ISCF 指派的中国代表，周琪院士为 ISCF 主席。受 ISCF 委托，在中国科学院、科学技术部、国家自然科学基金委员会和 MRC 的联合支持下，中国科学院动物研究所多次承办 ISCF 临床级干细胞库研讨会、人类胚胎干细胞研究新进展研讨会等会议，为国际干细胞组织的沟通交流提供平台和保障。

（撰稿专家：郝捷、康九红、刘中民 、卢圣贤 、王磊、郑辉）

3.3　人类脑组织资源

3.3.1　人类脑组织资源建设和发展

3.3.1.1　人类脑组织资源

人脑由上千亿个神经细胞组成，是亿万年自然进化的巅峰产物。较之于动物，人脑结构不仅更为高级和复杂，还在众多方面极其独特。中枢神经系统疾病在当今全球范围内已经越来越显著地占据人口发病率和死亡率的领先位置，这类疾病的诊断、治疗、监护已经成为各国卫生健康与社会福利系统的主要负担，因此，针对人类神经功能和疾病的研究迫在眉睫。在针对人脑疾病的研究方面，人脑组织本身是最佳研究模型。在过去的 150 年里，针对人脑的研究在认识中枢神经系统疾病方面起到了关键作用，但是，绝大多数脑部疾病的发病机制目前仍然不明。揭示人脑秘密、开拓人脑潜力、促进人脑健康、攻克人脑疾病是当今和未来人类发展最激动人心而又富于挑战的科学命题。日新月异的现代科学技术正在从分子到整体水平不断提供探索人脑的新方法，为揭示脑的工作原理和疾病机制提供了条件和机遇。与此同时，类脑研究已经成为计算机科学前沿战略，人脑与类脑研究的互动有望产生颠覆性的科学技术，保障人口健康、拓展产业和服务、促进社会发展。美国、欧洲等发达国家和地区已经启动了脑科学计划。预计到2025年，类脑技术对于全球经济的贡献将超过20万亿美元。人类脑组织资源库（以下简称"人脑库"）服务于脑科学、脑疾病研究和教育，对志愿捐献的死亡后人脑进行收集、处理、保存和神经病理学检查，向神经科学研究者提供具备充分生前病史和死亡后神经病理学检查报告的优质人脑研究样本。

3.3.1.2 国际人类脑组织资源保藏情况

在西方发达国家，从20世纪60年代开始，人脑库建设逐步得到高度重视与长足发展，支持和推动了对人脑形态与功能、发育与老化及许多神经精神疾患疾病机制的探索。这些研究为揭示人脑正常活动机制、引领神经系统疾病的诊断、预防和治疗研究做出了积极贡献。自20世纪70年代开始，很多国家成立了由政府卫生部门管理、资助或协调，由医疗科研学术机构成立的全国性或地区人脑库，并逐步构建人脑库网络。国际上一些著名的人脑库主要建立在综合大学的神经科学研究机构或神经疾病医疗机构中，如世界著名的哈佛人脑库、荷兰人脑库、日本东京大学医学系人脑库等。很多综合大学的医学院校拥有死后人脑库和/或病理脑组织库。以人脑库为核心运行环节并以人脑病理检测、研究为重点的独立研究所也逐渐增多。脑志愿捐献、病史获得、脑取材、储存和病理诊断、脑标本的共享等环节逐渐建立了标准化程序。西方发达国家已经建立了完善的遗体捐赠和器官移植的相关法律法规和完备的程序规定，为人脑库建设提供了法律规范和保障。例如，西班牙《器官捐献法》规定，所有西班牙公民都被视为器官捐献者，除非其生前做出拒绝捐献器官的声明。目前，神经病理学、生物标记物结合的大样本、大数据的临床研究已经成为神经精神疾病发病机制、转化医学和药物开发综合性研究的新趋势。

在国际上，美国拥有全球最多的人脑库和人脑储存，有超过30所大学建立了以老年性神经疾病为重点的人脑库。哈佛大学脑组织资源中心是美国高校较大的人脑收集和分配资源中心，仅该大学人脑库就已收集保存人脑3000多例。其他大学如宾州大学、加州大学、芝加哥地区多所大学都有较大的人脑库，根据这些学校科学家发表的论文描述，样本量都达到数千例。美国还拥有数家大型私立非营利性人脑库和正常与疾病人脑研究所。班奈尔太阳城健康研究所是一家成立于 1986 年的非营利性研究所，其医疗和科学研究重点是老年性疾病，尤其是神经系统疾病。研究所的遗体与脑捐献计划运行机制成熟，得益于亚利桑那州太阳城前瞻性的城市建设理念。太阳城是一座以退休安居社区闻名的城市，容纳 10 万名超过 65 岁的老年人居住。城市规划独具特色，融入人文关怀和健康科学发展思维。各社区建筑成放射状环绕健康中心，使患者能以最短的时间得到医疗关护。如患者死亡，遗体也能在很短的时间到达捐献点。近年来，数千名老年居民已注册死后脑与遗体捐献用于科学研究，实现脑捐献 1000 多例。研究所是亚利桑那州阿尔茨海默病联盟神经病理诊断的核心机构，其科学研究活动也在阿尔茨海默病、帕金森病、神经炎病变等领域取得不少世界领先成果。力博脑发育研究所是一家以神经系统发育及疾病为研究重点的私立研究所，由力博家族创立，位于约翰·霍普金斯大学校园，已收集数千例胎儿到 90 多岁不同生命阶段个体（包括精神分裂症、情感性精神病家族患者）的脑标本。美国国立健康卫生研究院（NIH）有专门支持和协调全国人脑库的专门机构——NIH 神经生物样本库网络中心。由神经疾病和中风研究所、心理健康研究所和儿童健康和人类发育研究所 3 家分支机构共同负责提供专项经费，维持主要人脑库的行政运行，同时资助特定的综合性研究项目。

　　欧洲脑库联盟于 2001 年由欧洲大陆和英国著名人脑库组建，目前已发展至 18 家正式成员和 2 家协作成员，其宗旨是提供高质量人脑标本，开展人脑核酸、蛋白质和神经化学物质定量研究，探索人脑正常工作原理和疾病机制，获得了欧盟委员会第五框架计划中的生命科学项目资助（LSHM-CT-2004-503039）。欧洲脑库联盟要求成员采用统一的标准化人脑取材、保存、基本病理检测程序，并推动人类脑组织资源共享，支持欧洲和世界其他地区的神经科学合作研究。澳大利亚已建立 10 多个人脑库，组成了澳大利亚人脑库联盟。澳大利亚人脑库联盟的主要分支人脑库包括新南威尔士州组织资源中心、悉尼人脑库、昆士兰人脑库、南澳人脑库和西澳人脑库，在人脑老化、神经退行性疾病、精神疾病、脑损伤及正常人脑结构和功能方面进行广泛探索，与世界各地神经科学家开展人类脑组织资源的共享和合作研究。

3.3.1.3　国内人类脑组织资源保藏情况

　　在中国，长期以来人脑库建设的进展受到很大制约。严格说来，我国在 2012 年之前尚无一所真正意义上具有国际标准和竞争力的人脑库。形成这种局面的原因包括：一是我国人体器官包括脑捐献的相关立法滞后，影响了生物组织材料库建设的整体发展；二是民众对于大脑捐献的意义和程序缺乏认识；三是人脑库专业人才和团队短缺，人脑库也缺乏必要的设施建设及稳定运行与维护的经费支持。2012年以来，中国医学科学院北京协和医学院、浙江大学医学院、中南大学湘雅医学院等利用医学院校"遗体志愿捐献计划"的特定优势，按照国际标准规范逐步建立并形成初具规模的人脑库。通过举办专向国际会议和培训班，推动了学术交流和人才建设。3家医学院还共同发起成立了中国人脑组织库协作联盟和中国解剖学会人脑组织库分会。这一系列的工作为进一步推动我国人脑库建设奠定了较为扎实的基础。

3.3.1.4 人类脑组织资源国内外保藏情况对比分析

国内外人类脑组织资源建设方面存在很大差异。首先，表现在脑样本收集数目方面。尽管很难详细统计国外样本总量，但初步估计应该有数万例。根据阿尔茨海默病论坛提供的全球以神经退行性疾病研究为重点的人脑库分布图及链接，其中，美国79所、英国16所、澳大利亚10所、德国7所、加拿大3所、荷兰1所。值得说明的是，美国、欧盟和澳大利亚成立了人脑库联盟。其中，美国国家阿尔茨海默病协调中心（National Alzheimer's Coordinating Center）包括27家研究单位，收集的人脑样本达1.3万例，其中，近3000例记载了捐献者生前完整病史。英国多家医学高等院校拥有人脑库，并由医学研究委员会（Medical Research Council）和惠康基金会（Wellcome Trust）资助和协调形成全国人类脑组织资源网，由10家人脑库组成共享平台（UK Brain Bank Network），已收集上万例人脑。荷兰人脑库已保存各种神经精神疾病和对照人脑3000多例。与之相比，我国全国的规范化人脑库截至2017年年底只收集人脑样本数百例。

其次，国外人脑库的建立、管理和运行一般由神经病理学家和临床神经科学家主导。各个人脑库尽管规模不同，基本上都有完整的服务、技术、研究及诊断团队形成支撑。就我国目前的情况，人脑库建设还只能以医学院校解剖系"遗体捐献计划"为依托比较实际可行。

最后，国外人脑库建立目前已转向以收集神经疾病列队患者脑样本为重点的发展模式。越来越多的样本来自有完整生前生活史和疾病诊疗记录（包括神经精神检测指标）的患者。因此，样本优势和专家团队优势不断提升其研究层次，大样本临床-病理综合研究成为趋势。

3.3.2 人类脑组织资源主要保藏机构

近年来，我国逐步重视人体器官捐献方面的立法和规范，一方面突破了我国目前器官移植医学"瓶颈"；另一方面为人体组织资源库包括人脑库的建设提供法律保障和发展空间。随着我国经济发展，国民教育、文化素养、人文关怀和科学精神等方面整体进步和提高，愿意参与大脑捐献的民众越来越多，我国人脑库的建设在近年来取得了显著进步。中国医学科学院北京协和医学院、浙江大学医学院和中南大学湘雅医学院等部分国内知名高等院校从 2012 年开始陆续建立了人脑库，借鉴国外知名人脑库的经验进行了规范化的体系建设，利用遗体捐献的资源优势快速发展，并于 2016 年成立了中国人脑组织库协作联盟，共同编写和出版了国内第一部人脑库标准化操作指南——《中国人脑组织库标准化操作规范》。这些工作为促进中国人脑库的建设和规范化发展做出了重要贡献。

（1）中国医学科学院北京协和医学院人脑库

中国医学科学院北京协和医学院人脑库（以下简称"协和脑库"）成立于 2012 年，设立在中国医学科学院基础医学研究所。截至 2017 年 12 月 31 日，共收集和保存 201 例全脑组织，是国内最大的规范化人脑库。其中，0～50 岁 17 例、51～70 岁 37 例、71～79 岁 115 例、90 岁以上 32 例，0～50 岁和 90 岁以上脑组织成为珍贵资源。在所保存的脑组织中，142 例的捐献者无脑疾病史，27 例有痴呆症病史，32 例有其他脑部疾病史。人脑样本采用半脑固定、半脑冰冻保存方式，保存包埋蜡块 3000 余块及染色切片约 3 万张，并进行了冰冻样本的DNA、RNA 和蛋白质量检测。协和脑库是中国人脑组织库协作联盟的发起单位之一和秘书处所在单位，也是负责起草和修订《中国人脑组织库标准化操作规范》的牵头单位，定期举办人脑组织库标准化操作培训班，培训了大批来自全国各地人脑库和相关部门的技术人员。

（2）浙江大学医学院人脑库

2012 年 11 月，浙江大学医学院人脑库（以下简称"浙大脑库"）接收了第一例由浙江大学医学院附属第二医院协助捐献的一位亨廷顿患者去世后大脑，标志着人脑库建设工作正式展开。浙大脑库是中国人脑组织库协作联盟的发起单位之一。脑库面积约 300 m^2，拥有取材室、遗体告别厅、免疫组织化学实验室，以及存放固定人脑样本、超低温冰箱（冻存脑组织样本）和石蜡包埋样本与切片的存储间。截至 2017 年 12 月底，浙大脑库已经按照国际标准收集、完成神经病理学诊断、储存了 115 例大脑组织。按脑库目前规模，可以保存大约 1000 例人脑样本，包括冻存、福尔马林固定及石蜡包埋样本和切片等资源。

（3）中南大学湘雅医学院人脑库

中南大学湘雅医学院人脑库（以下简称"湘雅脑库"）于 2013 年建立，是中国人脑组织库协作联盟的发起单位之一。目前脑库面积约 100 m²。截至 2017 年 12 月，湘雅脑库已保存成年、老年及痴呆患者人脑共 47 例，20 周至足月人胎儿脑共 12 例。按脑库目前规模，可以保存 300 ~ 400 例人脑样本。遗体捐献每年可达 80 例，由于兼顾人体解剖学教学（局部解剖学尸体操作），人脑收集目前限于死亡 24 小时以内的样本。湘雅脑库已经向本校医学院和校外 12 家其他单位实验室提供了多份科研用人脑研究样本，包括用于正在进行的疾病相关 DNA、RNA 和蛋白质组学研究。还承担了国家自然科学基金委员会重大研究计划培育项目"人脑分拣蛋白神经病变：病理发生机制与 AD 诊断应用探讨"。

协和脑库、浙大脑库和湘雅脑库现阶段以继续扩大整脑样本规模为重点。一方面，可以直接支持以中国人群为基础的脑老化神经组织和病理学研究，并通过该过程培养研究生等后备人才；另一方面，所收集的非神经疾病人脑样本可作为未来疾病组脑研究的对照材料，是必须汇聚的样本资源。此外，3 家人脑库收集的人脑样本正在支持正常中国人脑各种 DNA、RNA 和蛋白质组学研究。协和脑库、浙大脑库和湘雅脑库截至 2017 年年底收集人脑样本数量见表 3 – 3。

表 3 – 3　协和脑库、浙大脑库和湘雅脑库收集人脑样本数量

脑库名称	协和脑库	浙大脑库	湘雅脑库	总计
样本数量/例	201	115	47	363

（4）国内其他人脑库及中国人脑组织库协作联盟

除了以上 3 个人脑库之外，近年来，国内其他医学院和研究所也相继成立了人脑库，并开始保存人脑组织。例如，复旦大学医学院、河北医科大学、安徽医科大学等基于遗体志愿捐献建立的人脑库，北京大学人口研究所建立的胚胎脑库，北京天坛医院基于脑外科手术样本建立的脑组织资源库。

为了推动我国人脑库平台建设，2014 年 4 月 18 日，首届中国人脑组织库建设国际研讨会在长沙和北京成功举行，会议由中国医学科学院北京协和医学院和中南大学湘雅医学院联合主办，浙江大学医学院、首都医科大学等国内外多所著名研究机构协办。会议期间，国内 10 多个高等院校的专家共同倡导和筹备

成立中国人脑组织库协作联盟，为中国人脑库的建设和合作共享奠定了基础。2016年5月，第二届中国人脑组织库建设国际研讨会在北京召开，在此次会议上正式成立了中国人脑组织库协作联盟，由中国医学科学院北京协和医学院、浙江大学医学院、中南大学湘雅医学院、复旦大学医学院、北京天坛医院、北京大学医学部、北京大学人口研究所、河北医科大学、中国科学技术大学、安徽医科大学10家单位组成。联盟设执行委员会，执委会秘书处设在中国医学科学院基础医学研究所，联盟实行学术委员会制度，负责制定人脑库标准化操作规范，并为人脑组织的采集、保存和研究做出决策和咨询。由国内外专家共同编写和修订的《中国人脑组织库标准化操作规范》于2014年完成了草案，并于2017年正式出版，为国内人脑库的规范化建设和发展提供了重要的指南和保障。

3.3.3　人类脑组织资源主要成果和贡献

（1）推动我国人脑库的标准化建设

人脑是生物进化的巅峰，也是自然界最复杂的器官。由于人脑结构和功能的复杂性，难以用其他动物模型来替代，人脑库是脑疾病和脑科学研究和创新的重要战略资源。很长一段时间以来，由于国内规范化人脑库建设的缺失和滞后，中国的科研工作者只能从国外人脑库申请脑组织来开展研究。近年来，随着我国规范化人脑库的建立和发展，特别是中国人脑组织库协作联盟的成立和《中国人脑组织库标准化操作规范》的发布与实施，中国人脑库开始有能力为脑科学相关领域研究者提供符合伦理规范、具备相对完整临床资料和病理检测结果的人脑组织样本，在很大程度上改善了中国科学家"无脑可用"的窘迫状况。由多位中国脑科学家撰写的观点评述论文"Brain banking as a cornerstone of neuroscience in China"发表于国际顶尖医学期刊 *Lancet Neurol* 2015年第2期，提升了中国人脑库的国际影响力。

（2）推动人脑老化和神经退行性疾病病理学等研究

基于协和脑库提供的人脑组织样本，中国医学科学院基础医学研究所的研究课题组发表了9篇研究论文和综述，国内其他合作单位发表了相关SCI论文7篇，形成了一系列关于人脑衰老和痴呆症的自主研究成果。浙大脑库利用收集的样本资源，开展了脑老化相关蛋白质病变的研究，已有多篇论文在整理待发表。湘雅脑库利用收集的老年、阿尔兹海默病及成年人脑组织，开展了人脑老化、淀粉蛋白病理发生及正常人脑神经元测绘等方面的研究，其研究团队独立或与国内外科学家合作发表了近10篇人脑相关论文，包括发现一个新的阿尔兹海默病相关异常蛋白沉积病变。这些研究也培养了多名博士和硕士研究生，有利于人脑研究的人才团队建设。

（3）推动跨单位、跨学科脑科学分子水平合作研究

中国人脑库得到国内外越来越多的科学工作者和相关管理部门的认可，人脑库的样本资源已经开始为中国科学家所采用并发表出有影响力的成果。据不完全统计，截至2017年12月31日，协和脑库的固定及冰冻脑组织已为医科院系统的研究所及清华大学、北京大学、中国科学院、北京师范大学、复旦大学上海医学院等21个校内及外单位的相关课题组提供了共计3270例次人脑组织样本进行神经科学研究，有力支持了国内的脑科学研究。以协和脑库为依托，相关课题组承担了国家自然科学基金委员会重大研究计划培育项目"基于中国人脑组织库的阿尔茨海默病分子机制研究"、上海市自然科学基金与基础重大重点研究"人脑认知功能及障碍研究"的子课题"阿尔茨海默病研究资源库和早期诊断技术研发"，以及中国医学科学院医学科学与健康科技创新工程协同创新团队项目"基于人体组织器官库的老年人群前瞻性队列研究"等多个研究项目。浙大脑库已经向本校10多个实验室和清华大学、复旦大学、中国科学技术大学、中南大学等校外8家其他单位的实验室提供3367份科研用人脑组织样本，提供支持的科研项目包括科技部重大研究计划课题、国家自然科学基金面上项目及重点项目等。湘雅脑库为国内多个研究组提供了冰冻和固定脑组织，包括与中南大学遗传所，湘雅医院神经内科、外科和儿科合作开展与中国人群特质、颞叶癫痫、智能发育障碍有关的DNA、RNA及蛋白质组学研究，提供支持的科研项目包括国家自然科学基金面上项目及重点项目等。随着中国人脑库的建设、扩展和标准化操作规范的推广，将为中国脑计划的实施，脑疾病的诊断、预防和治疗，以及脑科学的进步提供关键性的战略资源平台。

（撰稿专家：马超、包爱民、仇文颖、孙冰、严小新）

第 4 章

标本资源

　　生物标本包括活收藏物、干制或其他方式保存的收藏物，以及与生物起源进化有关的其他收藏物等。活收藏物包括动物、植物、菌株和细胞系等，反映现存的生物多样性；干制标本包括植物的蜡叶标本、动物干标本和菌物干标本等；其他方式保存的标本包括用各种液浸方式保存的动物、植物、菌物及化石标本等。生物标本是生物多样性的实物证据，是科学研究的基本材料，同时包含许多潜在的信息和价值。

　　据统计，截至2017年年底，我国建有各类标本资源保藏机构579个，其中，植物标本保藏机构354个、动物标本保藏机构约110个、菌物标本保藏机构15个、地学标本保存机构100余个，并在国家层面建立了国家标本资源共享平台，包括植物标本资源共享平台、动物标本资源共享平台、教学标本资源共享平台、保护区生物标本资源共享平台、岩矿化石标本资源共享平台和极地标本资源共享平台。这些资源保藏馆收集、保藏了我国重要的、珍稀濒危的、特色的生物标本、岩矿化石和极地标本资源。其中，植物标本资源1992万份、动物标本资源约3000万号、菌物标本资源约106万号、各类地学标本资源共120万件。这些标本资源为科学研究、教学、科普和政府决策提供了实物和数据支撑。

4.1 植物标本资源

4.1.1 植物标本资源建设和发展

4.1.1.1 植物标本资源

植物标本通常是指全株植物体或其中一部分，经过采集和适当处理后能长期保存其形态的植物体。根据处理和保存方法的不同，可将标本分为干制标本和浸制标本。标本上附有采集签和鉴定签，详细说明其来源及物种名称。植物标本通常按一定的顺序储存在标本馆中。

植物标本是物种存在的永久凭证，是地球上植物多样性在时间和空间上存在的最直接证据，也是人类研究和监测生物物种动态变化的科学依据，在系统学、生物地理学、生态学、物候学、基因组学等众多科学领域，以及在农业发展、人类健康、政策制定等社会领域都发挥着无法比拟的作用，因此，越来越受到科学家们的关注。根据国际植物学会 2017 年发布的《2017 年全球标本馆》报告（http：//sweetgum.nybg.org/science/ih），截至 2017 年年底，全球已知植物标本馆藏量为 3.87 亿份，涵盖全部高等植物和部分真菌，其中，我国植物标本馆藏量约为 1992 万份。

随着全球生物多样性信息学的快速发展，以及诸多全球性生物多样性项目的推进，生物标本数字化成为生物多样性信息学的一个重要方面，从而引发了世界各国快速进行标本资源数字化的浪潮，各个国家陆续开始对沉睡在标本馆中的植物标本进行数字化，并建立数据库及查询门户网站，形成了海量的物种信息，供人们了解地球上已经被记录过的物种。截至 2017 年年底，植物标本数字化信息数量最大的是全球生物多样性设施网站（Global Biodiversity Information Facility，GBIF），目前含有由全球不同国家和组织上传的 1.4 亿份植物标本信息，其中，采自中国的植物标本约 300 万份（由国外组织上传的保存在国外标本馆的中国植物标本约 176 万份），不到中国馆藏植物标本量的 20%。全球植物（JSTOR，http：//plants.jstor.org）是世界上最大的数字化植物模式标本数据库，也是国际科学研究和合作的基地，整合了全球 70 多个国家 300 多个机构的高清模式照片，以及手绘图、文献等资源。

极地植物标本是指采集于南北极的极端生境中，实物保持原样或经过压制等特殊处理后，保存在标本馆或博物馆中，供学习、研究、展示的各种类型的完整植物个体或其中一部分。鉴于南北极地区常年低温、环境恶劣，长达几个月的极夜/极昼周期限制了高等植物的生长。本书所述的极地植物标本包括采集于南北极地区的维管植物、孢子植物（苔类、藓类、藻）及地衣。极地植物标本是人们认识、保护和利用南北极植物资源最基本的原始资料和命名凭证，是特定时空中生物多样性的最好见证，也是人类研究和监测南北极生物物种动态变化的科学依据。根据资源调查统计，截至 2017 年年底，南极大陆仅发现 2 种维管植物南极发草（*Deschamsia antarctica*）和漆姑草（*Colobanthus quitensis*），100 种藓类植物，25～30 种苔类植物，250 种地衣及超过 700 种藻类；北极地区发现 91 科 430 属约 2218 种维管植物，900 种苔藓，1750 种地衣，12 门 4000 种藻类。

4.1.1.2 植物标本资源全球变化

挂靠在美国纽约植物园的国际植物分类学会（International Association for Plant Taxonomy，IAPT），是一个成立于 1950 年的非营利组织，旨在促进和支持藻类、真菌和植物的分类学、系统学和命名学研究。IAPT 在全世界 60 多个国家拥有近 1000 名成员，是全球植物学领域最权威的机构。

据 IAPT 发布的《2017 年全球标本馆》调查报告显示，截至 2017 年年底，全球共有活跃的植物标本馆 3001 个，共收藏 3.87 亿份标本，这些标本遍布全球 176 个国家；比 2016 年新增了 73 个植物标本馆，共涉及新增 1 亿份标本；同时，35 个植物标本馆已停止使用。2017 年，馆藏标本量最大的前 10 个标本馆见表 4-1，前三大植物标本馆分别是法国国家自然历史博物馆（P）、纽约植物园标本馆（NY）和英国皇家植物园标本馆（K），馆藏量分别为 800 万份、780 万份和 700 万份。馆藏标本量位于前五的国家分别是美国、法国、德国、英国和中国（图 4-1），分别是 7670 万份、2707 万份、2220 万份、2212 万份和 1992 万份。

表 4-1 世界十大植物标本馆（含并列）

排名	中文名称	缩写	国家	馆藏数量/份	建立年份
1	法国国家自然历史博物馆	P	法国	8 000 000	1635
2	纽约植物园标本馆	NY	美国	7 800 000	1891
3	英国皇家植物园标本馆（邱园）	K	英国	7 000 000	1852
4	荷兰国家自然史博物馆	L，WAG，U	荷兰	6 900 000	1819，1829，1896

续表

排名	中文名称	缩写	国家	馆藏数量/份	建立年份
5	密苏里植物园标本馆	MO	美国	6 600 000	1859
6	日内瓦植物园标本馆	G	瑞士	6 000 000	1824
6	俄罗斯科学院科马洛夫植物研究所标本馆	LE	俄罗斯	6 000 000	1823
8	维也纳自然历史博物馆	W	奥地利	5 500 000	1807
9	大英自然历史博物馆	BM	英国	5 200 000	1753
10	哈佛大学标本馆	HUH	美国	5 005 000	1842

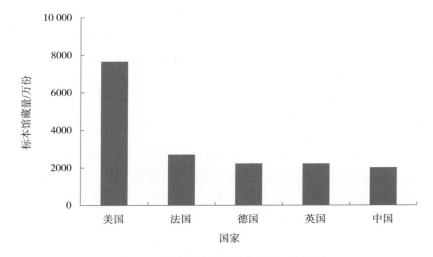

图 4-1 全球植物标本馆藏量前五的国家

从保藏机构的单位属性看，绝大多数植物标本保藏机构为高等院校、标本馆/博物馆及研究机构，分别占保藏机构总数的 51%、15% 和 13%（图 4-2）。高等院校的馆藏标本量最大，达到 1.5 亿份（图 4-3）。

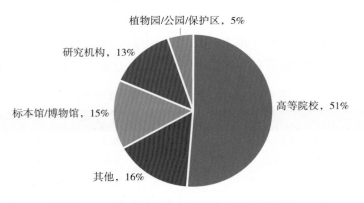

图 4-2 全球植物标本保藏机构的单位属性

号，共计 19 529 份。标本馆新增馆藏标本 32 178 号 42 312 份；完成与 12 个国家 24 家标本馆共计 4221 份标本的交换与交流；完成 31 276 份标本的数字化，并全部实现网络资源共享；新增模式标本 174 份；新鉴定标本 5212 份。标本馆接待来馆研究、参观和科普教育，赢得了社会各界的广泛认可和高度评价。

（2）中国科学院昆明植物研究所标本馆

2017 年，中国科学院昆明植物研究所标本馆新增馆藏标本 36 190 份，收集植物和菌物 DNA 样品 5246 号，完成了 126 486 份维管植物标本影像拍摄及 79 025 份标本的数字化。标本馆全年接待来访查阅 710 人次，其中，国内 627 人次，国外 83 人次，批准标本采样 15 次，取样标本共 526 份。标本馆接受对外咨询 140 余次，开具鉴定证明 83 次，发布科普图文 89 篇、科普视频 2 部，全年开展线下科普活动 6 次，覆盖人数超过 800 人，并获得第 19 届国际植物学大会植物艺术画展优秀奖 1 项、戴芳澜杰出成就奖 1 项。标本馆主持出版《云南生物物种名录》，并荣获 2016 年度云南十大科技进展之首，发布 "Biotracks" 野外采集 APP，并成功应用于第二次青藏高原科考。

（3）西北农林科技大学生命科学学院植物标本馆

2017 年，西北农林科技大学生命科学学院植物标本馆新增新疆、内蒙古、陕西、西藏植物标本 3000 余份，整理鉴定散乱标本 1 万余份，完成标本数字化工作 1.1 万份，收集 DNA 样品 300 余份。标本馆野外调查农作物野生资源样点 25 个，种植资源 15 种，主要是野苹果、野梨、野百合、野兰花、野大麦、野猕猴桃和沙芦草；所有样点 GPS 定位，所有植物的外貌、生境和器官均有拍摄，完成《陕西省 2017 年农业野生植物调查报告》。标本馆编辑出版了《陕西米仓山国家级自然保护区生物多样性研究》和《陕西米仓山国家级自然保护区维管植物图鉴》。标本馆指导校成教学院干部培训班的野外植物探秘工作，多次为公安机关鉴定罂粟和麻黄样品，并出具证明材料。

（4）中国科学院西北高原生物研究所植物标本馆

2017 年，中国科学院西北高原生物研究所植物标本馆野外考察 95 天，采集标本 3430 号 9850 份、DNA 材料 3800 份、种子 430 份，新制作标本 9000 份，鉴定标本 8000 份，录入植物标本数据 5000 号，拍照 5000 张；向青海省玉树州博物馆借出山莨菪、马尿泡、山生柳、多刺绿绒蒿等植物标本 50 份，并派出专家对博物馆植物标本陈列进行指导；完成《青海自然植被名录及优势植物图谱》《玉树地区特色中藏药材资源筛查与成分分析》出版与发行；为农牧民举办实用技术培训 10 次，介绍退化草地恢复、牦牛习性、藏羊和牦牛冬季补饲等新型实

用技术，受益农牧民 500 多人次。

（5）中国科学院武汉植物园标本馆

2017 年，中国科学院武汉植物园标本馆组织在东非地区开展了 4 次植物资源调查和标本采集。标本馆在肯尼亚进行植物资源考察所采集到的植物标本、植物数码照片和植物分布数据为中非联合研究中心设立的重大项目"《肯尼亚植物志》编研"提供了重要的第一手资料，是该项目顺利开展和《肯尼亚植物志》编撰的重要数据基础。基于非洲植物资源野外调查所获得的数据，已经编写出版了《肯尼亚常见植物》一书，并完成了《非洲常见植物野外识别手册：肯尼亚山》彩色图谱一书的编写和排版。

（6）中国科学院西双版纳热带植物园标本馆

2017 年，中国科学院西双版纳热带植物园标本馆新增加标本入库 13 273 份（其中 8000 份为园林部先前的标本并入），模式标本新增加 31 份，DNA 分子材料新采集 2360 份，标本鉴定更新 8230 份。全年新采集标本 7600 份，全年进行缅甸考察 4 次，共 89 天，采集标本约 6000 份。11 月进行西藏墨脱县采集，采集到标本约 1000 份，在采集过程中发现秋海棠科新种 1 种、兰科新种 2 种、兰科中国新记录种 2 种、兰科西藏新记录种 11 种。

4.1.3 植物标本资源主要成果和贡献

（1）依托自然标本馆平台研发最强人工智能植物识别软件——"形色"APP

植物标本资源共享平台所支持的自然标本馆生物多样性调查信息平台（http://www.cfh.ac.cn）与人工智能专业技术公司协作推出了"形色"人工智能服务平台，包括手机 APP 和在线植物鉴定 API 服务。社会公众在手机上安装运行"形色"APP 之后，对着植物拍照，即可迅速识别植物种类。目前，"形色"APP 可以识别常见栽培及野生植物超过 1 万种。截至 2017 年年底，"形色"APP 拥有 800 多万用户，提供植物识别鉴定服务超过 1 亿次，已成为国内识别能力最强、用户最多和服务次数最多的植物自动识别 APP。另外，"形色"植物识别功能已制作成 API，已整合自然标本馆平台，用户上传未鉴定植物照片时可自动调用"形色"的植物识别功能进行鉴定，可以运用于大规模的植物资源调查工作，提高物种鉴定和数据处理的及时性，极大提高工作效率。

（2）"花伴侣"专业版——标本馆伴侣"iHerbarium"助力标本馆智能化建设

标本馆伴侣"iHerbarium" APP 是"花伴侣"专业版系列应用之一，也是 CVH 网站平台的手机版，集新闻资讯、标本查询、标本收藏、标本识别、智能化采集记录等功能于一体，其特色功能在于基于 CVH 标本数字化影像开发了腊叶标本图像识别引擎。

通过筛选标本图片数量大于 80 幅的 1 万个物种的数据，构建用于建设标本图像识别模型的训练集。这些物种涵盖 286 科 2092 属，覆盖我国野生植物 90%以上的科、60%以上的属及近 1/3 的种，基本覆盖了我国常见的野生植物，其中蔷薇科属的覆盖率达到 85%。以这套标本图像识别训练集为基础，通过卷积神经网络进行深度监督机器学习，构建腊叶标本识别模型。模型收敛度为 82%，超过预期效果。此外，通过对应用不同像素尺寸图像训练的识别模型的比较，显示使用更大像素尺寸的图像作为训练集，将显著提高模型的识别准确度，这也为下一步工作指明了方向。

经以国家植物标本馆 2018 年新数字化的标本图像构建的测试集进行识别测试，其分科准确率可达 97%，分属、分种的准确率也均在 70%以上，可显著提高标本馆工作人员及相关从业者的工作效率。此外，"iHerbarium"集成了"花伴侣"专业版识别引擎，可提供 1 万种野生植物的野外照片识别，为智能化的标本野外采集记录提供保障，极大地提高了标本采集效率。

（3）"Biotracks" APP 助力生物多样性调查

"Biotracks" APP 是国内首个真正可以完全替代纸质记录媒介的自然记录应用，它可以为不同的科学观测生成个性化的记录模板，并帮助用户在无网络环境下快速记录诸如照片、编号、日期、坐标、海拔、物种等自然观测数据；同时，独特的项目协同模式，能够帮助项目参与者仅仅通过手机便可完成项目组织、野外组队、物种鉴定、工作协同、数据汇总等工作，这种新型的工作模式打破了传统项目的数据共享方式，使得科学团队可以近乎实时地感知项目数据，从而大大提高了生物多样性项目的执行效率和品质。"Biotracks"还具备 AI 照片识别、轨迹记录、离线地图、周边物种等功能，这些功能为用户的野外工作提供了全方位的信息支持；同时，基于良好的交互体验和高质量的用户群体，"Biotracks"还为领域带来了"在野外记录，于标本馆调用"的新型标本数字化方案，进一步革新了传统标本馆的标本数字化模式，使得新进标本的数字化效率和品质获得了质的提升。发布 1 年多来，"Biotracks"已经获得了上百所高等院校和科研院所的用户，观测数据覆盖了中国 32 个省（区、市）1.2 万个物种记录，是目前国内成长速度最快的野外科学观测平台。

（撰稿专家：马克平、覃海宁、陈铁梅）

4.2 动物标本资源

4.2.1 动物标本资源建设和发展

4.2.1.1 动物标本资源

动物标本是生物多样性的载体和表现形式，是人类认识自然的历史见证和档案，是人类研究、分析、监测生物多样性动态变化和探索物种起源演化的重要科学依据。同时，动物标本也是一类重要的战略生物资源，随着国家对生物与生态安全、外来入侵害虫的预警、预报、检测与监测的日益重视，以及重大动物疫病的频繁暴发，急需从馆藏动物标本资源中获取关键的基础信息和研发原材料。

动物标本有两类资源：一类是实物标本；另一类是数字化标本数据。各标本保藏机构致力于动物标本资源的收集、保藏、建设和共享，包括采自国内外的无脊椎动物、昆虫、鱼类、两栖类、爬行类、鸟类和兽类等现生动物标本和组织样品，以及相关的生境影像资料。在此基础上，按照相关的标准和规范，对实物标本进行数字化整理，构建标本数据库、物种数据库、图片数据库、文献数据库等基础数据库及专题服务数据库。

根据资源调查统计，截至 2017 年年底，全球已知动物标本资源约 4 亿号。我国拥有资源约 3000 万号，包含无脊椎动物约 620 万号、昆虫约 2100 万号、脊椎动物约 280 万号等，这些资源约 50% 被分类和鉴定，包括模式标本 2.0 万余种 18 余万号。

我国动物标本资源的收集始于 19 世纪中叶，经过 100 多年的积累，我国已拥有动物标本资源约 3000 万号，建设了亚洲最大的动物标本馆——中国科学院动物研究所国家动物博物馆动物标本馆及一批优秀的标本收藏与研究平台。随着"一带一路"倡议的实施，动物标本资源收集范围深入到"一带一路"沿线国家和地区，这也成为我国动物标本资源收集的重点方向；随之而起的国际科研合作与跨境分类学人才培养也将依托标本馆的支撑。自 2003 年起，在国家科技基础条件平台中心领导下，中国科学院动物研究所牵头组织 37 个机构开展动物标本资源数字化建设和共享，建成了动物标本资源共享平台，并通过国家数科研院所、高等院校、自然保护区等单位和部门下设的标本馆。下面重点介绍中国科学院的主要动物标本馆和全国馆藏 140 万号以上的代表性标本馆的基本情况。

（1）中国科学院动物研究所国家动物博物馆

国家动物博物馆是集动物分类学研究、标本收藏和科学普及三位一体的国家学术机构，其中的动物标本馆是我国历史最悠久的生物标本收藏机构。该馆先后收藏了原来的徐家汇博物馆、震旦博物院、静生生物调查研究所、北平研究院动物学研究所、"中央研究院自然历史博物馆"及故宫博物院等机构的大量馆藏标本。中华人民共和国成立后，动物标本馆经过几代科学家和标本馆人半个多世纪的努力，逐步发展和壮大。截至 2017 年年底，馆藏量达 795.6 万号，约占中国科学院生物标本总藏量的 1/3，是我国乃至亚洲最大的动物标本馆，其中，定名标本达到 296 万号、模式标本 10 200 余种约 10.5 万号。收藏类群涵盖采自我国（含港澳台地区）及 30 余个国家的各类现生动物。

国家动物博物馆由动物标本馆和标本展示馆两部分组成。动物标本馆以"标本收藏、服务科研、服务国家"为指导思想，充分发挥馆藏标本的科研价值和战略生物资源价值，服务于基础科学研究、应用科学研究、国家经济建设、国民科学素质提升等工作，支撑着全国乃至东亚地区动物进化与系统学研究所，以及研究所其他学科（如保护生物学、虫鼠害防治等）对标本的使用和信息需求。同时，为国内外学者使用馆藏标本提供一切便利，并在国家经济建设、生物安全与生物多样性认知与保护方面发挥着不可替代的重要支撑作用。标本展示馆是开展科普活动的重要展馆，每年按照文博类博物馆标准对外开放，并举办大量的专题科普活动，受到社会广泛好评。为保证博物馆有序运行，国家动物博物馆围绕资源收集、整理、保藏、鉴定、共享与利用制定了一系列管理制度，形成了"国家动物博物馆标本馆管理制度体系"，为实物资源安全保藏、科学合理使用提供了保障。

（2）中国农业大学昆虫标本馆

中国农业大学昆虫标本馆是在清华大学和北京大学两校原农学院昆虫标本收藏的基础上发展起来的，至今已有百余年的历史。经过刘崇乐、杨集昆、杨定、彩万志等几代昆虫学家和师生的不懈努力，截至 2017 年年底，标本总数已达 260 余万号，涉及 32 目 600 余科；馆藏标本来源地覆盖我国包括台湾在内的所有省级行政区域。其中，馆藏模式标本达 7000 多种、定名标本 3 万种左右，约占全国已知昆虫种类的 1/4 ~ 1/3。收藏量较丰富的类群有：脉翅总目、捻翅目、螳螂目、啮虫目、双翅目、半翅目等。该馆是中国农业大学重要的科研平

台和教学基地，在昆虫学科研和教学中发挥了非常重要的作用，在国内外均有一定的影响力和知名度。标本馆年平均接待国内外科研来访者30余人次，参观者百余人次。目前，该馆共有科研人员5名，专职管理人员1名，其中，教授3人、副教授2人。近年来，依托农业部数字博物馆和科技部标本资源共享平台项目，该馆正逐步向数字化与智能化迈进。

（3）河北大学博物馆

河北大学博物馆始建于1996年，由原历史系的文物室和生物系的标本室联合组建而成，其历史可追溯到20世纪早期由法国天主教神甫桑志华创立的北疆博物院。截至2017年年底，馆藏动物标本160余万件，文物7000余件，是河北省唯一的综合性高校博物馆，也是河北省首批入选教育部全国高校博物馆育人联盟的大学博物馆。

博物馆目前是"全国科普教育基地""全国野生动物保护科普教育基地""河北省省级科普教育基地""河北省科技厅首批对外科普展览展出基地""保定市青少年科普教育基地""保定市青少年科技教育培训基地"等。

博物馆现有生物类展览7个，分别为动物系统学展、水生动物展、六足动物展、昆虫文化展、蛛形动物展、动物分类成果展和动物资源科考展。每年接待大量国内外、校内外各界观众。

博物馆生物标本的收藏具有鲜明特色。标本收藏范围涵盖了包括台湾在内的26个省（区、市），包括昆虫、蜘蛛、脊椎动物标本等。脊椎动物标本中有世界珍稀动物数十种、国家一级保护动物19种、国家二级保护动物62种、国家三级保护动物72种、省级保护动物34种，更重要的是收藏模式标本422种，数量上千件，定名标本1000余件，形成了鲜明的动物进化体系，是国内高等院校中收藏动物标本较多和研究实力较强的博物馆之一。

（4）西北农林科技大学昆虫博物馆

在周尧教授的带领下，经过几代人80多年的努力，西北农林科技大学昆虫博物馆在昆虫学学科建设方面独树一帜，成为我国昆虫学重要的学科基地之一。周尧教授根据当时的条件和学科发展的需要，提出建设昆虫博物馆，并提出"三服务三提高"的方针：一是为国际宣传和学术交流服务，博物馆建设从内容到形式要达到国际水准，使国际友人参观后感到有启发、有收获，吸引外国专家来馆工作，提高祖国在世界上的政治声誉和科技影响；二是为教学科研服务，不仅成为西北地区，而且要成为全国的昆虫分类研究基地，吸引全国昆虫学家来馆工作，提高科学研究水平；三是为提高全民族的科学文化水平服务，成为大中小学师生和干部及群众参观学习的场所。1987 年创建了中国第一个国家昆虫博物馆，形成了集人才培养、科学研究、标本收藏与科学普及于一体的学科基地，为我国的人才培养和昆虫学发展提供了优质科教资源。

昆虫博物馆历经 3 期建设，建成了全球最大的、有较高知名度的综合型昆虫专业博物馆，总面积约 1 万 m²，先后被命名为"中国青年科技创新行动教育基地""全国青少年科普教育基地""全国科普教育基地"等。以此为基础创建的校农业科技博览园荣获"国家二级博物馆""全国科普教育基地""国家 AAAA 级旅游景区"等殊荣。博物馆面积超过 3000 m²，收藏国内外昆虫标本 140 多万号，标本收藏量位居全国高等院校之首，是重要的昆虫物种多样性保藏基地。研究部分包括农业部昆虫研究所、教育部重点实验室和农业部重点开放实验室昆虫学部、系统学与生物多样性研究平台和图书馆等。

（5）中国科学院上海昆虫博物馆

中国科学院上海昆虫博物馆历史悠久，标本收藏年代久远，其前身为 1868 年创建的徐家汇博物院，2004 年组建集收藏、科普、科研和社会服务为一体的专业博物馆。现有昆虫标本 122 万余号、定名标本 5000 余种、模式标本 1000 余种，收藏类群几乎涵盖昆虫的所有类群，收藏地理范围包括全国及东南亚地区和南美、非洲等区域，是中国科学院生物标本收藏的重要组成部分。馆藏标本的特色类群为直翅目、双翅目有瓣蝇类、土壤六足动物，在种类上均覆盖国内已知种类的一半以上，某些类群，如原尾纲、双尾纲、双翅目花蝇科，馆藏物种数达到已知中国种类的 70% ~ 90%。

博物馆本着"立足华东，面向全国，依托特色，稳步发展"的理念，近 5 年来，每年新采集的标本数量保持在 3 万 ~ 4 万号，2014—2017 年共计增加 14 万号，分别以针插、玻片及浸液的方式保存。馆藏标本逐步建立数字化、网络化共享体系，标本数字化信息年均录入 2 万号左右，标本数字化整理已累计 4800 种约 36 万号标本，包括 1103 种模式标本。

上海昆虫博物馆馆藏昆虫标本类群多样、种类丰富，收藏大量珍贵的模式标本及来自青藏高原等地的珍稀标本，为国内外的昆虫分类学及相关研究提供了强有力的支撑，在国内外具有广泛影响力和较高知名度。同时，因其科普教育工作成绩显著，被授予"全国青少年科普教育基地"和"全国科普教育基地"等荣誉称号。

（6）中国科学院昆明动物博物馆

中国科学院昆明动物博物馆拥有我国西南地区规模最大、收藏量最为丰富

的动物标本馆和国内最丰富的对外展出动物标本的陈列大厅，包括中国科学院昆明动物研究所几代科学家在 50 多年时间里采集到的各种标本，为昆明动物博物馆的建立奠定了坚实的基础。

昆明动物博物馆标本馆与研究所同期建于 1959 年年初，历经几代科学工作者的艰苦努力，保存有云南及西南地区大量的动物标本，是博物馆的基础和重要组成部分。标本馆储藏面积 2111.12 m²，储藏区包括兽类库、鸟类库、两栖爬行库、鱼类库和昆虫库，标本保藏方式有浸泡、干插、剥制、冷藏等。标本馆现馆藏各类动物标本约 86.3 万号，其中，模式标本超 500 种/亚种 5161 号，涵盖了云南"动物王国"和临近省区几乎所有生态类型的动物标本，具有浓郁的地域特色。馆藏标本中不乏如金丝猴、懒猴、大熊猫、黑颈鹤、胡兀鹫、白尾梢虹雉、海龟、凹甲陆龟、中华鲟、金斑喙凤蝶等珍稀种类，凸显了博物馆在收集世界生物多样性热点区域的我国西南地区丰富的生物多样性标本的优势和特色。馆藏标本也有不少采自其他地区。立足西南、覆盖全国、面向东南亚是该馆收藏标本的定位。

（7）中国科学院海洋生物标本馆

中国科学院海洋生物标本馆始建于 1950 年，是目前我国规模最大、亚洲馆藏量最丰富的海洋生物标本馆，收藏了自 1889 年至今的各门类海洋生物标本 83.8 万号（其中含模式标本 1600 余种 1900 余号），标本采集范围包括整个中国海域及南北极在内的 57 个国家和地区。

2014 年以来，海洋生物标本馆开始走向深海大洋，培养了一批从事深海和极端环境生物的分类学研究队伍，在极端环境下生物多样性及系统演化取得了新进展，建立了目前国内最大规模的深海生物标本库，先后发表 40 余个深海生物新物种。

（8）中国科学院成都生物研究所两栖爬行动物标本馆

中国科学院成都生物研究所两栖爬行动物标本馆是集科研、标本馆藏、科普、学术交流等功能为一体的具有国内先进水平的标本馆，是我国历史最悠久的、唯一的专门研究两栖爬行动物系统分类、进化、动物地理、生物多样性保护、标本收集、标本保藏、标本鉴定、标本查阅等为目的的国家标本馆。标本馆始建于 1965 年，后经老一辈科学家们辛勤耕耘和建设，不断发展壮大，使之在两栖爬行动物分类、系统演化、动物地理等领域处我国领先地位、国际上位于前列的著名标本馆。

标本馆拥有两栖爬行动物标本约 11 万号，模式标本超 900 号，其中，两栖爬行类标本占全国已知种类的 85% 以上，在馆藏标本数量、物种数及相关资料等方面在全国两栖爬行动物标本馆中均处于第一，在亚洲居第二，引领着我国两栖爬行动物分类、系统发育、动物地理、区系、生物多样性保护等领域的研究，是中国研究两栖爬行动物的中心，在国内外具有不可替代的地位。

标本馆开展了大量的科学研究，其研究聚焦于系统分类与系统演化、动物地理（重点是支序地理和生态地理）、物种形成与分化等重要的科学热点问题，这些科学研究为进一步提高标本馆的服务功能起到了关键性的支撑作用。

（9）中国科学院水生生物博物馆

中国科学院水生生物博物馆的前身是 1930 年成立于南京的"中央研究院自然历史博物馆"。1934 年更名为"中央研究院动植物研究所"。

1950 年，该研究所在上海改组为中国科学院水生生物研究所，1954 年，研究所从上海迁至武汉。2005 年，研究所以淡水鱼类标本馆为主体，整合其他标本收藏构成了水生生物博物馆。

截至 2017 年年底，水生生物博物馆有库房 1500 m²，收藏有 40 万号标本，包括我国淡水鱼类标本 1000 余种 30 余万号、鱼类模式标本 260 种、产自 34 个国家和地区的鱼类标本 600 余种、藻类标本 2 万多号，以及部分水生无脊椎动物标本。在博物馆的鱼类收藏中，最具特色的是鲤形目和鲤科的标本，反映了东亚鱼类区系的特点，具有广泛的国际影响力。由于独具特色的收藏和高水平的研究，博物馆已成为亚洲淡水鱼类多样性研究的中心。

水生生物博物馆相关的研究在世界鱼类学研究中占有重要的地位，主要成果包括《中国鲤科鱼类志》、"高原鱼类的生物地理学和东亚鱼类的起源演化研究"等专著和论文。先后有伍献文院士、陈宜瑜院士和曹文宣院士等老一辈科学家为博物馆的标本收藏和研究做出了重大的贡献。

80 多年来，以水生生物博物馆为依托，科研人员重点开展了鱼类学、养殖学和鱼类遗传育种研究。"四大家鱼人工繁殖""鱼类遗传育种工程""异育银鲫的培育与应用""世界第一例克隆鱼""世界第一例转基因鱼"等一大批举世瞩目的成果相继问世。

（10）中国科学院南海海洋生物标本馆

中国科学院南海海洋生物标本馆立足南海、面向印度洋和西太平洋，不断丰富馆藏标本的类群，收藏了从海藻到海洋大型哺乳动物等门类齐全的热带海洋生物标本。标本馆积极发挥分类专业优势，充分利用馆藏标本为科研一线提

供支撑，不断挖掘馆藏标本的价值，同时也为摸清南海生物资源及显示主权提供有利的科学依据；在安全保藏标本、开展科学研究、提供科研支撑的同时，利用标本馆丰富的科普资源，努力发展成为集海洋生物标本收藏与生物多样性研究和海洋科学科普宣传于一体的大型多功能现代化标本馆。

截至 2017 年年底，南海海洋生物标本馆馆藏达 21.7 万号，标本种类达 5700 余种，门类齐全，主要包括海洋原生动物、海绵动物、刺胞动物、多毛类、软体动物、桡足类、介形类、腕足动物、虾蟹类、棘皮动物、被囊类、鱼类、海洋爬行类、海洋鲸豚类等类群。

4.2.2.2 动物标本资源共享服务平台建设与服务情况

近 20 年来，各动物标本馆不遗余力地推进标本资源数字化建设，而标本资源数字化建设的数量和速度取决于标本鉴定率。虽然个别专业馆及小规模馆已经实现了 90% 以上标本资源的数字化，如国家动物博物馆动物标本馆鸟类分馆、中国科学院成都生物研究所两栖爬行动物标本馆等，但相对于整个平台的海量实物标本馆藏，数字化建设总量则很低。国家动物博物馆动物标本馆平台目前已数字化各类群动物资源 290 万号，仅占平台实物资源总量的 14.5%，但这些数据已涵盖动物各大类群，且在采集范围方面具有一定的代表性。近年来，平台注重对与人类生活关系较为密切的动物类群资源信息的收集，如鸟类、兽类、濒危保护物种等。

在确保所有馆藏标本安全有效保存的同时，不断开展针对性的资源收集，加大标本整理鉴定的力度，推进标本资源数字化，不断丰富和完善平台资源数量和多样性，提高资源的质量，优化服务内容和模式。根据平台收集的资源类型，结合用户的实际需求，平台提供以下几个方面的主要服务：①实物标本的查阅与检视，标本的保存与制作；②数字化信息的调用，包括标本采集信息、鉴定信息、野外图片信息等，物种的形态描述、形态特征图、地理分布、寄主植物等；③专业技术培训，包括标本采集技术、整理制作技术、分类学基本技能等；④委托鉴定业务，为农业生产一线、政府部门、社会大众等提供物种鉴定服务；⑤专业咨询，为社会大众提供与动物相关的基础知识、保护与防控等专业科普咨询；⑥科学教育与宣传，面向社会大众提供专业化、规模化、常态化的科普教育，举办各类专项科普讲座，同时配合国家各项专类活动日或活动周，开展有针对性的科普宣传活动，普惠社会大众。

平台通过门户网站及微信提供在线服务。网站既提供漏斗式查询方式，又提供精确的复合条件检索，提高了用户使用体验。2017 年，平台门户网站访问人数达 261 万余人次，访问量达 294 万余人次，网页浏览点击量达 557 万次。2016—2017 年，通过微信访问平台的点击量达 10 万余次，浏览网页 3.3 万页，下载量 1.7 GB 以上。

4.2.3 动物标本资源主要成果和贡献

（1）服务国门生物安全重大需求

我国进出口贸易活跃，边境线又极长，口岸动植物检疫形势严峻，国门生物安全受到严重威胁。

平台工作人员首先通过参加检验检疫部门组织的"专家学者口岸行"等活动，到一线口岸实地调研存在的问题。针对一线工作人员的需求，充分挖掘实物标本和信息数据资源，整合潜在入侵物种和检验检疫物种数据，构建实物库和信息库，搭建物种快速鉴定平台，通过 DNA 条形码技术开展物种快速鉴定工作；组织专家力量，为口岸鉴定截获动物物种，出具鉴定报告；借助国际合作途径，收集入侵物种和检验检疫物种标本和信息，充实平台资源库，并用于分析截获物种的入侵风险。

依托平台丰富的物种、标本资源和研究力量，平台为检疫部门鉴定截获的各类动物标本，出具鉴定报告，对外来物种入侵风险进行评估，提出针对性的监测与预警建议；为海关等部门提供物种鉴定信息，出具检测报告。2016—2017 年，平台构建了检验检疫动物实物标本库和信息库，搭建了物种快速鉴定体系框架，对来自境外不同货物上截获的动物提供了物种鉴定服务；对重要新入境有害象虫开展了风险评估，提供了 1 种重要有害昆虫——番茄潜叶蛾列入《中华人民共和国禁止进境检疫性有害生物》名单的建议报告和风险分析报告；构建了"我国木材及木质包装口岸检疫有害昆虫"信息库，有效支撑了口岸的检疫执法工作。

（2）为国家科技计划提供重要支撑

平台为国家一系列科技计划提供了重要的支持和保障服务。①先后有 8 项科技部基础性工作专项主动邀请平台有关单位参加，负责动物标本的收集、制作与鉴定，培训项目组成员标本采集与制作技术；为项目研究提供历史标本实物、数据和信息。平台配合科技部基础性工作专项的执行，构建了环京津地区捕食性天敌昆虫生物多样性数据库和 DNA 条形码数据库等。②正在开展的"第二次青藏高原综合科学考察研究"是一项得到国家领导人批示的重大工程，平

台在历史数据的整理与整合，标本的采集、整理与制作等方面为本次调查提供了强有力的技术与人才队伍的支撑。③在国家重点研发计划国际合作重点专项"农业有害生物的监测预警和绿色防控技术联合研究"、科技部对外合作重点项目"中亚毗邻区动物物种资源库构建与多样性研究"等国际合作项目的实施中，平台提供了采集技术、采集标准和规范、人才队伍、标本制作与保存技术的支持，为"一带一路"倡议的实践做出了贡献。此外，平台还为国家重点研发项目、国家自然科学基金国际合作项目、中国科学院战略性先导科技专项、"三江源国家公园"建设等重大科研项目提供了有力支撑。

在这些项目申报、实施过程中，平台不仅为其提供了研究地区的本底资料、实物标本和数字化的信息，而且主动为项目的开展提供保藏场所、保藏管理、数字化建设及共享等多方面的软硬件支撑服务，为资源调查提供野外采集技术培训，并派人亲自参与野外考察和标本采集，协助项目组做好资源收集工作。平台为有关单位提供标本资源保藏场所和器具，确保标本能得到妥善保藏。平台工作人员还严格依据平台标本资源管理制度，对标本进行科学、规范制作，按照规章制度进行防虫、防霉、放置药品并定期进行安全检查，保证了项目成果的长久安全保藏，并为后续资源建设和共享利用提供了保障。

（3）支撑科学研究

2016—2017 年，平台服务各类科研项目 360 余项，检视、借阅平台标本的国内外学者达 2.4 万余人次，检视、借阅标本 15 万余号；平台支撑发表论文 890 余篇，编研《中国动物志》40 余卷。依托平台资源支撑，每年有 150 余名动物分类学、保护生物学、生态学及其他学科的研究生完成学位论文。在"共享杯"大学生科技资源共享与服务创新实践竞赛中，平台组织人员参赛，屡获佳绩，参赛作品可直接服务于科研、民生和国家安全。

平台支撑的科学研究获得了丰硕成果。科研人员在编写《中国水虻总科志》时，检视了平台大量标本，该志于 2016 年获得北京市科学技术研究院优秀科技成果奖；平台共建单位中国科学院南海海洋研究所馆藏礁栖鱼类标本为海马基因组及其特异体型进化机制研究提供标本比对等支撑服务，相关研究成果于 2016 年以封面论文的形式在 *Nature* 主刊在线发表。

（4）服务企业生产

应企业请求，平台依托标本实物、信息数据和专家优势，积极为企业排忧解难。通过为需求企业鉴定动物物种、查询生活习性，解决企业在有益动物引种、有害动物防控等方面的难题，并为企业生产提出具体改进意见，防止类似事件再次发生造成损失，解决了企业与消费者之间的矛盾，为企业挽回了声誉。例如，共建单位中国科学院上海生命科学研究院（上海昆虫博物馆）分别应企业请求，为其鉴定产品包装中出现的昆虫，并帮助其分析原因、改进工艺，解决了生产一线的实际问题，为企业获得更好的经济效益提供了技术支撑。

（5）服务国家外交战略计划

在"一带一路"倡议实施之初，国家动物博物馆动物标本馆将资源收集视野辐射到"一带一路"沿线国家，以资源联合考察为抓手，帮助"一带一路"沿线国家丰富和完善自己的标本馆馆藏；依托项目实施为他们培养青年人才，通过平台的实际行动践行了"一带一路"倡议。同时，平台也收集了100多万号标本，为进一步国际合作奠定了基础。

（6）搭建科普教育平台，普惠社会大众

在科普教育和公众教育服务方面，平台年接待参观访问16万人次，接待社会咨询500余次，开展丰富多样的科普活动，为社会提供优质的科普资源和科普活动，获得了社会各界一致好评。如在2018年"全国科技周——科学之夜"活动中，国家动物博物馆全面向社会公众开放，并为公众提供主题讲解，让动物标本资源走向大众。

（撰稿专家：乔格侠）

4.3 菌物标本资源

4.3.1 菌物标本资源建设和发展

4.3.1.1 菌物标本资源

菌物在传统上被定义为行吸收营养、具细胞壁、能产孢、无叶绿素、以无性或有性两种方式繁殖的真核有机体，包括真菌、地衣、卵菌和黏菌等类群，遍布世界每个角落，与动物和植物一起共同构成真核生物的主体。菌物是最主要的分解者，能与97%的植物形成菌根，是地球生态系统中不可或缺的一环。约80%的植物病害是由菌物引起的，白僵菌等一些菌物还可以侵染和杀死昆虫。菌物在社会经济中占据重要地位，全世界已发现的食用菌超过2000种，大量的菌物已被用于工业发酵、医药卫生和农业病害生物防治等诸多领域，产生巨大

的经济效益。

菌物标本是菌物研究和应用中最重要的参考和凭证材料。由于形态和生态上的巨大差异，不同菌物的标本保藏形式存在很大差异。对于肉眼可见的大型菌物，如大型真菌和地衣等，通常将其烘干后的子实体作为标本；对于一些肉眼不易观察且可培养的小型真菌，可以将其培养物经灭活烘干制成标本；对于寄生于植物体的病原真菌，可将已感染的植物叶片、茎节或果实作为标本；对于球囊霉等不可培养且无法通过寄主载体保存的菌物，则将其菌体结构制备成玻片保存。

4.3.1.2 菌物标本资源全球变化

由于历史上认识的局限，菌物过去曾长期被归入植物的范畴，菌物标本也因此习惯性地由植物标本馆收藏。世界上专门的菌物标本馆数量还很少，菌物标本的数量与植物标本和动物标本相比仍存在巨大差距，全球菌物标本馆藏总量也难以统计清楚。由于菌物在生态环境中的特殊地位和在人类经济社会发展中日益重要的作用，世界各国政府和科学界越来越认识到菌物标本资源的重要意义。欧美发达国家非常重视菌物标本的收藏，欧洲的英国皇家植物园菌物标本馆和法国国家自然历史博物馆都收藏了百万份以上的菌物标本，美国农业部国家菌物标本馆和纽约植物园菌物标本馆也已成为西半球最大的两家菌物标本馆。上述标本馆都长期开展针对全球范围的菌物标本资源的收藏。近年来，随着计算机科学的发展和技术的应用，全球主要菌物标本保藏机构都积极致力于菌物标本及相关信息的数字化工作，构建了完善的标本信息管理系统和菌物名录数据库，并通过互联网对公众开放。目前，美英等发达国家都在大力开展菌物资源信息平台构建和信息数据深入挖掘和利用工作，菌物标本馆的功能也得到进一步的延伸和拓展。

4.3.1.3 菌物标本资源国内建设情况

截至 2018 年，我国馆藏菌物标本总量约 106 万号，主要收藏于中国科学院系统及部分高等院校、科研院所的 15 家标本馆（室），其中，隶属于中国科学院的 3 家，隶属于地方的 2 家，隶属于高等院校的 10 家。在这些标本馆（室）中，中国科学院微生物研究所菌物标本馆为我国唯一全面收藏综合性菌物的标本馆，其余各馆（室）主要针对特定地域和生境及某些菌物类群进行特色收藏。具有地域及生境特色的标本馆有中国科学院昆明植物研究所标本馆隐花植物标本室、西北农林科技大学真菌标本室、广东省微生物研究所菌物标本馆、吉林农业大学食药用菌教育部工程研究中心菌物标本馆、赤峰学院菌物标本室、塔里木大学菌物标本馆和西藏自治区高原生物研究所高原菌物标本室7 家；针对特定类群的菌物标本馆（室）有新疆大学中国西北干旱区地衣研究中心地衣标本室、沈阳应用生态研究所标本馆、山东农业大学植物保护学院植物病理学标本室、北京林业大学微生物所标本室、南京师范大学真菌标本室、安徽农业大学虫生真菌研究中心标本室和聊城大学生命科学学院地衣标本室7 家。

目前，中国科学院系统菌物标本馆已初步完成馆藏标本信息化工作，同时继续推进全国菌物资源信息库的构建。中国科学院微生物研究所菌物标本馆已完成全部近 37 万份已定名标本的信息数字化任务，建立了完善的标本信息系统并向国内其他相关机构推广。此外，昆明植物研究所标本馆隐花植物标本室、沈阳应用生态研究所标本馆、西藏自治区高原生物研究所高原菌物标本室和塔里木大学菌物标本馆共计实现了 13.2 万份已定名标本的信息数字化工作。

中国科学院微生物研究所菌物标本馆已完成中国菌物名录数据库的初建工作，该数据库已收集 25 万余条菌物记录，全部数据涉及 2.7 万余个种级菌物名称，已成为我国菌物学研究及应用领域的重要信息平台。菌物标本馆建成国际菌物名称注册网站（Fungal Names）并维持其正常运行，已注册菌物名称 586 个。该网站已获得国际菌物命名委员会的授权和国际菌物大会批准，与 Index Fungorum 和 MycoBank 一起成为菌物名称合格发表前必须注册的国际网站，为中国菌物学在本学科世界舞台上占据了一席之地，拥有了话语权，实现了中国菌物学家们几十年的夙愿。

4.3.1.4　菌物标本资源国内外保藏情况对比分析

我国已经基本建立了菌物标本保藏体系，近年来馆藏标本的数量有了较快的增长，馆藏条件逐步得到改善，馆藏和管理能力也有了很大提升。但是，与国外大型菌物标本馆相比，我国的菌物标本保藏体系还存在很大不足。我国全国馆藏菌物标本总量刚刚超过 100 万份，且包含大量的未定名标本，与英国皇家植物园菌物标本馆的 125 万号已定名标本相比，还有一定的差距。我国菌物标本收集和保藏始于 20 世纪 20 年代，绝大多数标本为 20 世纪 80 年代以后收集，而一些欧洲国家菌物标本收集的历史可以追溯到 17 世纪，具有重要的学术研究和历史参考价值。此外，我国菌物标本的数字化工作开展较晚，目前仅中国科学院系统的 3 家标本馆真正实现了标本信息的计算机化管理，其他高等院校和科研院所的标本信息化工作还处于初始阶段。欧美发达国家的菌物标本信息化工作始于 20 世纪 80 年代，信息和管理系统已趋于成熟，信息平台的建设也更为完善。加强国家菌物标本保藏和研究平台建设，增加馆藏数量，全面提升标本信息化管理水平，是未来我国菌物标本馆工作需要加强的主要内容。

4.3.2 菌物标本资源主要保藏机构

（1）中国科学院微生物研究所菌物标本馆

中国科学院微生物研究所菌物标本馆创建于 1953 年，由原来的"中央研究院"、北平研究院、清华大学和金陵大学收藏的菌物标本合并而成。该馆为我国乃至亚洲最大的菌物标本馆，馆藏标本超过 53 万号，约占我国菌物标本馆藏总量的 50%，已定名标本近 37 万号，共计 2000 余属 1.5 万余种，其中包括模式标本 2800 余号，涵盖 2200 余种。标本馆馆藏标本来自全国及世界 111 个国家和地区；保藏范围包括卵菌、壶菌、接合菌、子囊菌、担子菌、地衣和黏菌等。标本馆建筑面积 1204 m^2，拥有优良的标本保藏条件和完备的管理制度，为我国菌物学及相关研究和应用提供重要支撑。

（2）中国科学院昆明植物研究所标本馆隐花植物标本室

中国科学院昆明植物研究所标本馆隐花植物标本室创建于 20 世纪 70 年代，馆藏菌物标本 15.3 万余号，其中，真菌标本 10.1 万号（以大型真菌为主）、地衣 5.2 万号，总量居全国第二。馆藏菌物标本主要来自我国西南地区，同时涵盖全国 20 余个省（区、市）及世界 20 余个国家和地区，是我国开展大型真菌和地衣系统学的重要研究和支撑平台。

（3）新疆大学中国西北干旱区地衣研究中心地衣标本室

新疆大学中国西北干旱区地衣研究中心地衣标本室创建于 1985 年，前身是原新疆大学生物系植物标本室。标本室馆藏地衣标本 7.9 万号，隶属于 197 个属的 600 余种，地衣标本保藏量位居全国第二，也是国内最大的专门从事地衣标本收集的标本馆。馆藏标本产自国内 21 个省（区、市）及世界 16 个国家。标本馆拥有自己的研究团队，主要对新疆在内的我国干旱地区地衣资源进行调查、分类和区系研究。

（4）西北农林科技大学真菌标本室

西北农林科技大学真菌标本室由西北农林科技大学植物保护学院真菌标本

室和林学院森林真菌（林木病害）标本室两部分构成，保藏植物病原真菌和林木大型真菌共计 7 万余号，主要收集我国西北地区的菌物资源，同时兼顾全国。植物保护学院真菌标本室始建于 20 世纪 40 年代初，已收集真菌标本 4 万余号。林学院森林真菌标本室始建于 20 世纪 50 年代，成为立足西北、面向全国的林木真菌标本室，保藏标本 3 万份，涵盖 2500 多种。

（5）沈阳应用生态研究所标本馆

沈阳应用生态研究所标本馆创建于 1954 年，馆藏菌物标本 7 万份，其中，真菌标本 4 万余份、地衣标本 3 万份。真菌标本主要包括全国范围内的多孔菌类和革菌类等木材腐朽菌，同时保藏有部分伞菌标本。目前，已有部分标本完成了数字化，实现了计算机化管理。

（6）广东省微生物研究所菌物标本馆

广东省微生物研究所菌物标本馆创建于 1962 年，前身隶属于中国科学院中南真菌研究室。自 20 世纪 70 年代起，开展重点针对华南地区，同时兼顾全国范围的大型真菌、植物病原真菌及虫囊菌目真菌资源的收集工作。馆藏已定名标本 5 万余份，涵盖 2000 余种，为揭示我国华南地区菌物多样性提供了重要的凭证材料。

（7）吉林农业大学食药用菌教育部工程研究中心菌物标本馆

吉林农业大学食药用菌教育部工程研究中心菌物标本馆始建于 1978 年，前身是吉林农业大学植物病理教研室的真菌标本室，现已成为我国东北地区重要的菌物标本馆。馆藏已定名标本 3.5 万号，涵盖大型真菌、植物病原真菌及黏菌等重要类群，其中，馆藏黏菌标本 1 万余份，数量位居全国之首。标本馆主要针对我国北方地区进行菌物资源收集，同时兼顾全国及国外。

（8）山东农业大学植物保护学院植物病理学标本室

山东农业大学植物保护学院植物病理学标本室创建于 1978 年，馆藏已定名标本 2.7 万份，专注于全国范围内的小型真菌标本的收集和保藏，主要包括小煤炱目、锈菌、黑粉菌等重要植物病害标本及寄生或腐生的无性丝孢真菌标本。

（9）赤峰学院菌物标本室

赤峰学院菌物标本室创建于 1994 年，馆藏标本 2 万余份，为内蒙古自治区馆藏量最大的菌物标本保藏机构。早期收集的标本包括锈菌、黑粉菌和白粉菌等植物病原真菌，近年来也开始大型真菌标本的收集工作，主要针对内蒙古地区（尤其以大兴安岭及燕山地区为主）进行菌物资源收集和区系研究。

（10）塔里木大学菌物标本馆

塔里木大学菌物标本馆创建于 2009 年，馆藏菌物 2 万份，包括植物病原真菌、大型真菌和黏菌。标本馆依托于新疆生产建设兵团塔里木盆地生物资源保护利用重点实验室，以主要收集西北荒漠地区的菌物标本为特色，标本采集范围涵盖新疆为主的我国西北地区。

（11）北京林业大学微生物所标本室

北京林业大学微生物所标本室创建于 2007 年，馆藏菌物标本 1.5 万份，主要为多孔菌等木材腐朽菌和革菌等类群。标本室面向全国范围开展资源收集工作。

（12）西藏自治区高原生物研究所高原菌物标本室

西藏自治区高原生物研究所高原菌物标本室创建于 2008 年，隶属于西藏自治区科技厅，馆藏标本 9000 余份，包括大型真菌、藏药材植物内生菌和地衣等类群，其中，大型真菌标本 3000 余份。标本室主要针对以西藏为主的青藏高原地区开展菌物标本收集，标本信息已全部数字化。

（13）南京师范大学真菌标本室

南京师范大学真菌标本室隶属于南京师范大学生命科学学院，馆藏标本 8000 余号，以黏菌、半知菌、多孔菌和子囊菌为主。近年来，标本室重视开展大型真菌区系调查及枝瑚菌和相关类群等大型真菌资源的收集。

（14）安徽农业大学虫生真菌研究中心标本室

安徽农业大学虫生真菌研究中心标本室创建于 1987 年，馆藏标本 8000 余号，面向全国范围开展虫生真菌资源的收集工作。馆藏的昆虫病原真菌主要包括虫霉目、肉座菌目等类群，是我国唯一针对昆虫病原真菌进行专门收集和保藏的特色菌物标本馆。

（15）聊城大学生命科学学院地衣标本室

2013 年，原山东农业大学生命科学学院地衣标本室的地衣标本迁移至聊城大学，并以此为基础建立聊城大学生命科学学院地衣标本室。标本室馆藏地衣标本 8000 余份，标本产自全国各地。

4.3.3 菌物标本资源主要成果和贡献

（1）编撰中国菌物名录

近年来，依托中国菌物名录数据库，中国科学院微生物研究所菌物标本馆牵头组织《中国生物物种名录 第三卷 菌物》印刷版的编撰工作。这项工作由国内菌物各类群的分类学专家参与，已完成壶菌、接合菌和球囊霉分册、盘菌分册、锈菌和黑粉菌分册、地衣分册、黏菌和卵菌分册 5 卷的编撰和出版工作，总计包含约 7000 种，其他菌物类群分册的编撰工作也在陆续开展。印刷版名录的编撰和出版，及时总结了分类学研究成果，把新种和新修订的信息及时整合到生物物种名录中，克服了志书编写出版周期长的不足，使读者和用户能及时了解和使用新的分类学成果。名录的出版有助于推进我国菌物志书的编研和生物多样性编目与保护工作，也为相关学科如生物地理学、保护生物学、生态学等的研究工作提供了更多的支持。

（2）完成菌物红色名录的编制工作

中国科学院微生物研究所菌物标本馆研究人员主持完成《中国生物多样性红色名录——大型真菌卷》的编写，并于 2018 年 5 月由生态环境部和中国科学院共同发布。名录涵盖了包括地衣在内的我国已知大型真菌 9302 种，共评估出疑似灭绝 1 种、极危 9 种、濒危 25 种、易危 62 种、近危 101 种。这是我国首个官方发布的国家级真菌红色名录，共动员全国 140 多名菌物学专家参与共同编撰，是迄今国际上规模最大、参与评估专家最多的大型真菌红色名录评估，对我国乃至国际今后真菌多样性保护工作具有重大的意义。

中国科学院昆明植物研究所标本馆组织云南大型真菌和地衣红色名录的编写工作。2017 年 5 月，云南省环保厅发布《云南省生物物种红色名录（2017版）》。名录涵盖 2759 种大型真菌和 1067 种地衣，共评估出受威胁的物种 10 种，在国内首次将大型真菌和地衣列入官方发布的物种红色名录。

（3）为菌物多样性领域提供学术咨询服务

2018 年，中国科学院微生物研究所菌物标本馆积极参与英国皇家植物园组织编制的《世界真菌现状报告》（*The State of World's Fungi*），成功将我国列入报告中的"关注国家"一章"聚焦国家"——"中国"，提高了我国菌物学科的国际地位。此外，自 2007 年起，菌物标本馆成员先后参与和完成生态环境部组织编制的《中国生物多样性保护战略与行动计划（2011—2030）》《生物物种资源监测概论》《生物物种监测指南——大型真菌》《中国生物多样性国情研究报告》《中国生物多样性白皮书》《县域野生大型真菌调查与评估技术方案》的编写工作，为我国菌物资源保护及相关政策、规划和法规的制定提供了重要的科学理论支撑。

（撰稿专家：姚一建）

4.4 岩矿化石标本资源

4.4.1 岩矿化石标本资源建设和发展

4.4.1.1 岩矿化石标本资源

岩矿化石标本资源是指地质工作者从事区域地质调查和地球科学研究过程中，采集、收集、整理、研究测试和收藏的矿物、岩石、矿石和化石标本，以及与之相关的数据和研究资料。岩矿化石标本资源为人们研究和复原地球演化历史提供了最为直观、科学的证据，是地球科学研究的重要支撑材料，是人类社会生存发展和社会经济长远发展的重要战略资源。

4.4.1.2 岩矿化石标本资源全球变化

截至 2017 年年底，全球岩矿化石标本资源保藏量排名前三的国家依次是美国、英国和德国（表 4－7）。资源保藏量最大的机构是美国国立自然历史博物馆、美国自然历史博物馆、英国自然历史博物馆、德国斯图加特国家自然历史博物馆、德国柏林自然历史博物馆等。

表 4－7 世界岩矿化石标本资源保藏数量及排名

序号	国家	资源保藏数量/万件	序号	国家	资源保藏数量/万件
1	美国	6250	9	瑞典	130
2	英国	1550	10	中国	120
3	德国	1260	11	瑞士	114
4	澳大利亚	745	12	南非	65
5	法国	663	13	俄罗斯	62
6	荷兰	420	14	意大利	52
7	比利时	333	15	加拿大	51
8	挪威	202	16	阿根廷	42

4.4.1.3 岩矿化石标本资源国内建设情况

我国幅员辽阔，各种地质条件发育，岩矿化石标本资源种类丰富，共保藏各类岩矿化石标本共计 120 万件，其中，化石标本约 50 万件、矿物标本约 10 万件、岩石标本约 35 万件、矿石标本约 25 万件。

根据资源调查统计，截至 2017 年年底，我国拥有省部级、市级、县级岩矿化石资源保藏机构 100 余家，其中，岩矿化石资源保藏量 5000 件以上的机构约 40 家，其中，隶属于中央级单位的机构 9 家，隶属于教育部的机构 4 家，隶属于中国科学院的机构 2 家，隶属于自然资源部的机构 3 家。

资源保藏量排名前 15 位的单位（表 4-8）保藏资源量共 75.7 万件，占全国岩矿化石标本资源保藏总量的 63.75%，其中，具有科学价值的标本资源保藏量占全国资源保藏总量的 85%。

表 4-8　岩矿化石标本资源保藏量排行前 15 位的机构

序号	标本类型	机构名称	资源保藏数量/件	单位所在地市	主管部门
1	化石	中国科学院南京地质古生物研究所标本馆	160 000	南京	中国科学院
2	岩矿化石	中国地质博物馆	150 000	北京	自然资源部
3	化石	中国科学院古脊椎动物与古人类研究所标本馆	80 000	北京	中国科学院
4	岩矿化石	中国地质大学（北京）博物馆	70 000	北京	教育部
5	岩矿化石	中国地质大学（武汉）逸夫博物馆	50 000	武汉	教育部
6	岩矿化石	国土资源实物地质资料中心	50 000	北京	自然资源部
7	岩矿化石	河南省地质博物馆	50 000	郑州	河南省国土厅
8	岩矿化石	吉林大学地质博物馆	20 000	长春	教育部
9	岩矿化石	北京大学地质博物馆	20 000	北京	教育部
10	岩矿化石	成都理工大学博物馆	20 000	成都	四川省教育厅
11	岩矿化石	重庆自然博物馆	20 000	重庆	重庆市文物局
12	岩矿化石	安徽省地质博物馆	20 000	合肥	安徽省国土厅
13	岩矿化石	湖南省地质博物馆	20 000	长沙	湖南省国土厅
14	岩矿化石	昆明理工大学	15 000	昆明	云南省教育厅
15	岩矿化石	上海自然博物馆	12 000	上海	上海市科学技术委员会

截至 2017 年年底，国家岩矿化石标本资源共享平台参加单位 16 家，涵盖了我国地学领域全部国家级标本资源保藏单位，如中国地质博物馆、中国科学院古脊椎动物与古人类研究所、中国科学院南京地质古生物研究所、中国地质科学院矿产资源研究所、中国地质大学（北京）、中国地质大学（武汉）、吉林大学、北京大学；同时还涵盖了 30% 的省级标本资源保藏单位，如河南省地质博物馆、重庆自然博物馆等。平台整合岩矿化石标本优质资源和特色资源 14.36 万件，其中，具有重要科学价值的模式化石及典型化石群标本 6.72 万件，中国新矿物标本、稀有的矿物晶体晶簇标本、典型矿物标本及部分国外典型矿物标本 1.42 万件，国内外典型岩石标本 4.61 万件，中国濒危矿床和大型、超大型、特色矿床及典型矿床的矿石标本 1.61 万件。2016—2017 年新增资源 2.04 万件，按照岩矿化石标本资源描述标准对标本资源进行标准化整理和数字化表达。实物标本资源分布式保藏在全国各资源单位实体库房，标本数据由平台统一管理发布。

4.4.1.4 岩矿化石标本资源国内外保藏情况对比分析

在国际上，标本馆藏量大国主要是美国、英国、德国、澳大利亚、法国等。从馆藏量来看，我国岩矿化石标本资源保藏量共 120 万件，与全球馆藏量最大的美国 6250 万件（其中，美国国立自然历史博物馆保藏标本 4070 万件）、英国 1550 万件（其中，英国自然历史博物馆保藏标本 700 万件）和德国 1260 万件（其中，德国斯图加特国家自然历史博物馆保藏标本 414 万件）相比，在保藏数量上相差甚远。国外机构保藏的岩矿化石标本资源中，本国资源占 20%~30%，外国资源占 70%~80%；而我国保藏的标本资源中，国内资源占 70% 以上。资源的收集范围也是资源量差距的主要原因之一。另外，在近 100 多年来，发达国家综合国力强盛，地学研究起步早，基础研究水平与设施完善程度较高，因此，积累和保藏下来的资源量远远高于我国。

在数字化建设和共享方面，通过对目前世界上主要的 6 个岩矿化石标本资源数据平台的资源规模和信息内容进行对比（表 4－9）显示，我国岩矿化石标本资源数据平台在资源数据量上较美英等发达国家有较大的差距，但数据项数量和完整度（即数据项信息完整程度）上均高于国外平台，可见，我国岩矿化石标本资源数字化工作细致，数据质量控制较好，数据可用性较高。

表4-9 世界主要岩矿化石标本资源数据平台信息统计

机构名称	国家和地区	实物标本量/万件	标本数据量/条	数据项	数据完整度	网址
美国国立自然历史博物馆	美国	4070	1 076 710	19项，包括名称信息、分类信息、产地信息、描述信息、图像信息、样品处理信息等	75%	http：//collections. nmnh. si. edu
美国自然历史博物馆	美国	475	204 291	7项，包括名称信息、产地信息、描述信息等	70%	http：//research. amnh. org/paleontology/search. php？search = &media ＿ only = -1 &page = 0
英国自然历史博物馆	英国	700	759 993	24项，包括名称信息、分类信息、描述信息、产地信息等	86%	http：//www. nhm. ac. uk
牛津大学博物馆	英国	25	144 060	13项，包括名称信息、分类信息、产地信息、描述信息、样品处理信息等	58%	http：//www. oum. ox. ac. uk/collect/earthcoll2. htm
比利时皇家自然历史博物馆	比利时	120	45 754	17项，包括名称信息、分类信息、产地信息、描述信息、收藏信息等	53%	http：//darwin. naturalsciences. be/search/geoSearch
国家岩矿化石标本资源共享平台	中国	60	143 600	28项，包括名称信息、分类信息、产地信息、描述信息、保存信息、图像信息等	92%	http：//nimrf. net. cn

注：①数据来源于截至2017年12月31日世界主要岩矿化石标本资源数据平台官方网站实际发布的数据。
②数据完整度统计方法：对国内外岩矿化石标本数据资源平台中的标本信息进行抽样调查，随机抽取各网站发布的100条标本数据，并通过统计得出有效内容字段数与字段总数的百分比，即为各标本数据资源平台的数据完整度。

4.4.2 国家岩矿化石标本资源主要保藏机构

4.4.2.1 国家岩矿化石标本资源主要保藏机构

我国在规模和影响力方面较大的岩矿化石标本资源保藏单位有中国地质博物馆、中国科学院南京地质古生物研究所标本馆、中国科学院古脊椎动物与古人类研究所标本馆、中国地质大学（北京）博物馆、中国地质大学（武汉）逸夫博物馆、河南省地质博物馆、国土资源实物地质资料中心、吉林大学地质博物馆、北京大学地质博物馆、成都理工大学博物馆、重庆自然博物馆和安徽省地质博物馆。

（1）中国地质博物馆

中国地质博物馆创建于 1916 年，在与中国现代科学同步发展的历程中，积淀了丰厚的自然精华和无形资产，以典藏系统、成果丰硕、陈列精美称雄于亚洲同类博物馆，并在世界范围内享有盛誉。中国地质博物馆收藏地质标本 15 余万件，涵盖地学各个领域，其中有蜚声海内外的巨型山东龙、中华龙鸟等恐龙系列化石，"北京人"、元谋人、山顶洞人等著名古人类化石，以及大量集科学价值与观赏价值于一身的鱼类、鸟类、昆虫等珍贵史前生物化石；有世界最大的"水晶王"，巨型萤石方解石晶簇标本，精美的蓝铜矿、辰砂、雄黄、雌黄、白钨矿、辉锑矿等中国特色矿物标本，以及种类繁多的宝石、玉石等一批国宝级珍品。中国地质博物馆长期开展丰富多彩的社会教育活动，年接待观众 30 余万人次。

（2）中国科学院南京地质古生物研究所标本馆

中国科学院南京地质古生物研究所标本馆是在 1928 年成立的"中央研究院地质研究所标本室"的基础上发展起来的，是世界上重要的古无脊椎动物和古植物化石标本收藏中心之一，馆藏有 16 万件极具科学价值的模式标本。标本馆历史悠久、藏品丰富，既有我国古生物学的早期开拓者李四光、葛利普、孙云铸、黄汲清、尹赞勋、赵亚曾、斯行健等教授采集研究的标本，更汇集了瑞典、德国、美国、英国、加拿大、澳大利亚、波兰、捷克、苏联、伊朗、日本等数十个国家交流合作研究的标本。经过几代人的艰苦努力，标本馆已积累了 3000 余篇（册）研究成果的标本，其地域分布之广，时代范围之宽，化石门类之全，是国内外有关科研、生产、教育部门在科研和实际工作中重要参考对比和引用的基本资料，每年为国内外古生物学专家学者提供实物标本服务数百人次。

（3）中国科学院古脊椎动物与古人类研究所标本馆

中国科学院古脊椎动物与古人类研究所标本馆创建于 1956 年，其前身可追溯至 1922 年农商部地质调查所地质矿产陈列馆增设古生物化石展室。标本馆现有藏品 8 万余件，涵盖脊椎动物化石、人类化石、旧石器时代文化遗物等，特别是在脊椎动物化石模式标本和现代脊椎动物骨骼标本的收藏方面，标本馆是国内该领域收藏门类最齐全、数量最丰富的场馆，在世界同类机构中也享有盛誉。众多藏品中，有许多标本都具有重要的历史意义和科学价值。例如，1920 年法国古生物学家桑志华在甘肃庆阳幸家沟（今属华池县）黄土层中发现的我国第一件有明确地层关系记录的旧石器；抗战时期杨钟健等在云南禄丰发现并被誉为"中国第一龙"的许氏禄丰龙化石；1966 年在北京周口店发掘到的现存唯一的"北京人"头盖骨化石。标本馆以研究所为依托，对我国境内一些国际古生类、非人灵长类、鱼类、遗传工程小鼠等种子中心、种质资源基地及数据资源中心，初步建立了实验动物种质资源开发与共享平台，也培育出诸多具有自主知识产权的动物品系。但整体来看，在新品种、品系的研发能力和支持力度还无法与欧美日等发达国家和地区相比，保藏的实验动物品种、品系总量还偏少，特别是模式实验动物研究与应用还处于起步和初级阶段。从技术层面来看，我国的一些高等院校和科研院所，基于经典的转基因技术、基因打靶技术、CRISPR/Cas9、单碱基基因编辑等技术，搭建了基因修饰动物模型制备与评价技术平台，推进了模型的研发速度，同时促使模型尽快应用到靶向领域。

实验动物资源研发需要投入大量的资金与人力，在目前的政策条件下，由于科技体制和管理等多方原因，使得科研经费投入偏少、缺乏连续性，使得从国外引进的非常有研究和应用价值的实验动物模型随研究工作的结束而丢失，或者对于已培育成功的动物新品种、品系因后续力量不足而止步不前。

纵观全国，当前实验动物资源平台的建设，缺乏全国性布局等现象，导致了一定程度上的资源浪费。作为实验动物活体资源和数据资源共享的载体，为进一步提高资源库馆、种质中心的核心作用，应对已有的国家实验动物种子中心及种质资源库进行针对性升级，改善设施条件，提高现代化、自动化、信息化层级，以加强资源保藏技术和共享服务水平。同时，积极促使更多的国家实验动物资源库纳入国家科技基础条件平台，获得稳定的经费支持，促进实验动物资源的多样化和集成发展。

欧美日等发达国家和地区在建立种质资源中心的同时，也建立了相应的数据库对实验动物生物信息资源进行存储与共享，避免了资源的重复建设，优化了资源利用效率，如美国基因工程突变小鼠资源中心收录了包括杰克逊实验室、密苏里大学、加利福尼亚大学、北卡罗来纳大学等的 3 万余个基因工程小鼠品系信息。尽管我国每年的实验动物产量已达到近 3000 万只，但尚未建立起统一的数据库与信息管理平台对这些实验动物信息或以它们为基础进行动物实验所产生的比较医学数据信息进行存储和整理，更无大样本数据的分析与应用，仅少数资源单位建立了信息网站和数据库，严重制约了实验动物资源的开放性共享与体系建设。因此，当务之急应加强实验动物与动物实验有关数据的标准化采集、整理、数据化表达存储和网络共享，完善不同类型的科学数据库建设，扩大数据交汇往来，促进国际资源和数据交流，提高实验动物资源的利用效率。从国家资源平台布局层面来看，目前在常规实验动物资源和基因工程动物资源方面，已经建立了系列国家种子中心，但是在与人类健康密切相关的重大疾病

研究和医药成果转化领域，还缺乏疾病动物模型等必需的资源布局。

5.1.2 实验动物资源主要保藏机构

在国家发展规划的整体设计和全面部署及各项科技研究计划的支持下，经过近20年的建设，我国已经初步建成以7个国家实验动物资源库和1个实验动物生物学数据、图像数据、资源数据信息平台为主体的国家实验动物资源保藏与共享服务平台（表5-1）。

表5-1 国家实验动物资源保藏机构

类型	序号	保藏机构名称（依托单位）	保藏品系/个
国家实验动物资源库	1	国家遗传工程小鼠种子中心（南京大学）	5683
	2	国家啮齿类实验动物种子中心（中国食品药品检定研究院）	210
	3	国家啮齿类实验动物种子中心（中国科学院上海生命科学研究院）	519
	4	国家斑马鱼资源中心（中国科学院水生生物研究所）	1400
	5	国家非人灵长类资源中心（中国科学院昆明动物研究所）	9
	6	国家禽类实验动物种子中心（中国农业科学院哈尔滨兽医研究所）	22
	7	国家犬类实验动物种子中心（广州医药研究总院有限公司）	1
实验动物信息数据库	8	国家实验动物资源数据库	

（1）国家遗传工程小鼠种子中心（南京大学）

国家遗传工程小鼠种子中心（南京大学）建于2001年。在国家"十五"科技攻关重点项目的支持下，南京大学启动建设国家遗传工程小鼠资源库，并相应成立南京大学模式动物研究所。2010年经科技部批准设立国家遗传工程小鼠资源库。

资源库整合南京大学-南京生物医药研究院，建立了完善的基因编辑平台，自主研发了我国第一个条件性基因剔除小鼠、国际第一个基因剔除猴和基因剔除犬。小鼠模型数量规模全国第一、全球前五，并搭建全球标准化的表型分析平台。在国内，资源库仅2017年就提供小鼠10多万只，技术服务800多项，覆盖28个省（区、市）约400家高等院校和科研院所、200余家医院和近百家制药和生物技术企业，为我国生物医药科研和产业提供了疾病模型的重要支撑。资源库参与国际大科学计划"国际小鼠表型分析联盟"（IMPC），与11个国家27家资源库建立了合作和服务。

资源库拥有动物设施约8000 m²、7万个大小鼠笼位，实验面积21 000 m²，形成集 SPF 级小鼠和大鼠的繁育保种、模型研发及分析应用于一体的综合性资源服务平台。现保有遗传工程品系资源共 5898 个，覆盖肿瘤、代谢、神经等重要疾病领域，其中，自有产权品系 1120 个、引进和保种服务品系 4778 个。品系资源的保藏方式为活体或冷冻，其中，冷冻保藏品系占比达 71%。2017 年资源库对全国 648 家单位提供近 300 种小鼠品系，合计 23 万只。

资源库是国内较早通过国际 AAALAC 认证的基地之一，是国际实验动物科学理事会的微生物检验参比实验室（国内现有 3 家），并搭建从源头到终端，信息化、远程管控和智能化的管理体系，引领实现大数据战略。

（2）国家啮齿类实验动物种子中心（中国食品药品检定研究院）

国家啮齿类实验动物种子中心（中国食品药品检定研究院）于 1998 年由科技部批准成立，依托中国食品药品检定研究院实验动物资源研究所，主要生产供应用于药检、科研等生命科学领域所需的各品种、品系实验动物，承担面向社会收集、保存及供应啮齿类实验动物种子的职责。中心有 9600 m² 的屏障环境，采取隔离器和 IVC 保种，具备完善的实验室和实验设备，可开展冷冻保存、体外受精、基因型鉴定、生物净化、模式动物制作等工作。中心围绕常用实验动物品种、品系进行收集保藏，并扩大生产，现活体保藏有小鼠、大鼠、豚鼠、兔及各种遗传修饰小鼠、大鼠 4 个品种 210 余个品系的实验动物。年均向社会提供标准化种子动物和标准化实验动物 30 万余只、各类基因工程小鼠、大鼠数千只。随着实验动物社会化需求量的不断增长，中心产量逐年提高，2017 年向 16 个省市供应 35 万只实验动物。

（3）国家啮齿类实验动物种子中心（中国科学院上海生命科学研究院）

按照《实验动物管理条例》和《实验动物质量管理办法》等相关规定，经科学论证和评审，1998 年国家科委国科财字〔1998〕009 号文，同意依托中国科学院上海实验动物中心建立国家啮齿类实验动物种子中心（上海）；2010 年科技部国科发财〔2010〕267 号文，批准依托中国科学院上海生命科学研究院成立国家兔类实验动物种子中心。

基于国家啮齿类实验动物种子中心（上海）和国家兔类实验动物种子中心近 20 年的工作基础，整合组建国家科技资源共享服务平台国家啮齿类实验动物种子中心。国家啮齿类实验动物资源库旨在开展实验动物小鼠、大鼠、豚鼠、地鼠、兔等实验动物资源的收集、保存、鉴定、开放共享服务。由中国科学院上海生命科学研究院牵头，上海斯莱克实验动物有限责任公司参加共建。

自 1998 年国家啮齿类实验动物种子中心（上海）和 2010 年国家兔类实验

动物种子中心成立以来，截至 2017 年年底，向全国 28 个省（区、市）供种实验动物（小鼠、大鼠、豚鼠、地鼠、兔）超过 1000 批次，为各实验动物生产、使用机构提供符合国家标准的标准化动物种质资源，确保了全国实验动物生产和使用机构的实验动物遗传质量同一性。

中心保藏各类常用实验动物品系、模型动物品系和实验动物战略资源 519 个品系，其中，活体保藏 54 个品系、冷冻保藏 54 个自有品系、冷冻保藏 411 个委托品系。在活体保藏一定数量的通用性动物品系和模型动物的同时，发挥国家资源库的公益职能，收集自主知识产权的科研成果，为科学家保藏日后创新研究的生物战略资源。

中心在自发性人类疾病动物模型培育、实验动物遗传质量基因型和表型分析技术研发获得一系列成果。先天性白内障疾病动物模型培育成功（国内首例），遗传性老年性白内障疾病动物模型正在培育中；建立实验小鼠 SNP 基因分型技术和检测技术规范（SOP），并被上海市地方标准引用；建立具有世界先进水平的"Mus 和 Rattus 属鼠类下颌骨形态特征测量分析系统"，为实验小鼠品系鉴定和小家鼠分类建立表型分析解决方案。

（4）国家斑马鱼资源中心（中国科学院水生生物研究所）

2012 年 10 月，国家斑马鱼资源中心在中国科学院水生生物研究所正式挂牌成立。国家斑马鱼资源中心是在科技部国家重大科学研究计划支持下建立的非营利性科研服务性机构。中心以斑马鱼研究资源的收集、创制、整理、保藏和分享为主要任务，以服务于全国斑马鱼研究学者为主要宗旨。在我国，现有 250 个以上的实验室利用斑马鱼开展有关科研工作。

截至 2017 年年底，中心已保藏各类研究用斑马鱼品系 1240 余个。未来，中心将继续努力通过自主创制和从国内外实验室引进等方式，扩充保藏研究用斑马鱼品系数量。同时，斑马鱼品系的安全保藏也是中心开展工作的重要前提，在维持高质量的前提下，将继续对精子冻存库进行扩容，预计至 2018 年年底，精子库将扩容至超过 11 000 个样本。

中心正在建设我国自主知识产权的斑马鱼品系管理和信息分享系统——中国斑马鱼信息中心，该系统将与中国斑马鱼学会紧密结合，有效整合我国斑马鱼相关科研资源和信息，服务于中心的品系管理及我国的斑马鱼研究实验室。

（5）国家非人灵长类资源中心（中国科学院昆明动物研究所）

国家非人灵长类资源中心依托中国科学院昆明动物研究所建设，并与中国医学科学院医学生物学研究所和中国科学院生物物理研究所形成共建格局，利用特色优势资源的整合，收集、保藏非人灵长类种源、遗传资源及疾病动物模型，主要收集资源包括野生和驯养非人灵长类动物的 DNA 库、细胞库、组织样本库，稳定的动物繁殖群及稳定可重复的疾病动物模型构建技术体系。

非人灵长类种质资源对照准入标准，按统一的技术规范保藏在依托单位和两家共建单位。中国科学院昆明动物研究所主要保藏 7 个种（猕猴、食蟹猴、平顶猴、红面猴、熊猴、狨猴、滇金丝猴）的年龄结构多样化、上千头的非人灵长类资源种群及细胞、胚胎、DNA 等种质资源，并提供阿尔兹海默病、帕金森症、抑郁症、胶质瘤、母婴分离等疾病动物模型的构建、保藏及服务；中国医学科学院医学生物学研究所保藏 2 个种（猕猴、食蟹猴）的非人灵长类种子资源，尤其保藏了 200 余只猕猴的全封闭、隔离的原始种群，并提供疫苗评价和部分疾病模型构建；中国科学院生物物理研究所主要负责幼年丰富社交环境模型、幼年剥夺社交环境模型、睡眠剥夺非人灵长类模型等特色疾病模型的构建、保藏及服务。中心保藏的非人灵长类细胞系有 38 种（亚种）167 株系，包括滇金丝猴、黑叶猴、灰叶猴等国家 I 级保护野生非人灵长类动物的细胞系；同时还收集、保藏了上千份的非人灵长类 DNA 等遗传资源样品，已成为我国非人灵长类遗传资源保藏最丰富的单位。

疾病动物模型主要通过收集自发性疾病动物模型和科研构建的疾病动物模型，目前收集稳定保藏的疾病动物模型包括帕金森症、阿尔兹海默病、母婴分离型、艾滋病、猕猴精神分裂症、脂肪肝等多种疾病动物模型，结合疫苗研发的需要和特点，在完成疾病动物模型构建和疫苗评价的同时，收集整理并构建"模型—评价的资源数据库"，实现应用与研究有机整合。

（6）国家禽类实验动物种子中心（中国农业科学院哈尔滨兽医研究所）

国家禽类实验动物种子中心（鸡、鸭）由科技部主管和监督，农业部进行行业协调管理和监督指导，依托于中国农业科学院哈尔滨兽医研究所建设，是目前我国唯一的禽类实验动物种子资源库，是国际上唯一的 SPF 鸭育种和保藏基地。资源库培育并供应 SPF 种鸡，向国内 SPF 鸡生产单位提供 SPF 鸡种卵，提供科研、检定用 SPF 鸡（卵）和 SPF 鸭（卵），定期采集并提供鸡和鸭生物学数据并实现社会化免费信息共享，是集科研、育种、保种、生产、供应和服务一体化的机构完善、学科完整、人才齐备的国内唯一禽类实验动物资源共享平台。资源库在全国范围内收集适合实验动物化的鸡和鸭资源，主要选择生产性能高、病原微生物携带少、对较多疫病敏感性强的轻型白羽蛋鸡和轻型蛋鸭。现培育成功并保藏 7 个品种 SPF 鸡封闭群，4 个品系单倍型鸡品系，4 个 SPF 鸭

封闭群品种，4 个单倍型鸭品系，6 个转基因鸡品系，全部具有自主知识产权。资源库目前拥有 SPF 鸡培育、SPF 鸭培育和禽实验共 3 个独立设施，总面积近 2 万 m^2，大型硬壁式饲养隔离器 200 余台。饲养保藏 SPF 种鸡 2600 余羽和生产群 SPF 鸡 6000 羽、SPF 种鸭 2500 余羽、年产种鸡卵约 65.8 万枚、种鸭卵约 2.2 万枚。2017 年共向 13 个省市 46 家单位提供了服务。制定了 20 项禽类资源特异的标准和技术规范，填补了之前只有哺乳类实验动物标准和技术规范的空白。

国家禽类实验动物种子资源库为促进我国 SPF 鸡产业化，家禽疫病防控技术、防治疫苗的检定及生产做出了重要贡献，同时为促进我国实验动物的标准化建设、推动实验动物许可证制度的实施提供了重要补充。

（7）国家犬类实验动物种子中心（广州医药研究总院有限公司）

国家犬类实验动物种子中心依托广州医药研究总院有限公司，始建于 1983 年，是国内历史悠久、种源纯正、管理规范、水平领先的实验 Beagle 犬资源专业研究机构。2010 年，经科技部批准正式成立全国唯一的国家犬类实验动物种子中心。

经过 30 多年的发展，中心已成为国内实验动物 Beagle 犬资源保藏、利用与共享及研发等综合实力最强的资源平台，拥有占地面积 50 000 m^2 的 Beagle 犬保种育种基地，其中包括符合国际实验动物福利标准的犬舍 11 栋 5700 m^2、通过 AAALAC 认证的大动物实验室 1200 m^2；拥有显微操作系统、多普勒彩色超声系统、程序降温仪及全自动血球计数仪等一批先进的科研仪器设备，为中心运行和管理提供软硬件保障。同时，中心建立了 Beagle 犬标准化保种育种、饲养管理和质量控制等标准操作规程 180 多项；建立微生物、寄生虫、环境监测等系列监测实验室，确保资源质量；建立了国家犬类实验动物种子中心信息管理系统，实现 Beagle 犬生长繁育终身记录；首家引入 RFID 电子芯片管理系统，实现种犬信息化高效管理，在种群质量、饲养管理等方面处于国内领先水平。

中心长期致力于国家实验动物种质资源的保藏、繁育及利用，为国内科研院所、新药研发机构及海关提供高质量种犬、科研用犬、教学用犬及检疫犬等系列公益服务。中心现有 Beagle 种犬群 800 多头，存栏量 2000 多头，年生产能力 2000 ~ 2500 头，年供应实验动物种子 1500 余头。2017 年向 7 个省 23 家单位提供了服务。

（8）中国医学科学院人类疾病动物模型资源中心

中国医学科学院医学实验动物研究所是资源中心的依托建设单位。资源中心的主要功能是收集、整理和统一保藏我国的人类疾病动物模型资源，提供人类疾病动物模型相关的资源、技术和信息共享服务。

资源中心拥有 1.69 余万 m² 的保种设施，建立了模拟人类疾病不同病因、不同物种动物的疾病模型研制技术平台，以及涵盖从分子、细胞、生理、免疫、影像、病理、行为等层面进行模型表型比较医学分析的系列技术平台，通过研制、收集和引进，现有人类疾病相关动物模型资源 996 种，包括对流感、乙肝、艾滋病、神经系统疾病、冠状病毒、听力相关疾病、心血管疾病等分别敏感的雪貂、土拨鼠、猕猴、食蟹猴、狨猴、绿猴、布氏田鼠、毛丝鼠、巴马小型猪、树鼩等疾病易感动物近千个品系，针对神经系统疾病、心血管疾病、代谢性疾病、肿瘤、病原感染与免疫等疾病相关的基因工程小鼠模型 550 个品系，神经系统和心血管系统疾病相关的基因工程大鼠 170 个品系，疾病的突变系大小鼠品系20 个品系，模拟人群复杂遗传背景与疾病表现差异的遗传多样性小鼠 76 个品系，无菌动物 8 个品系，人类重大疾病动物模型 172 个品系。资源中心的人类疾病动物模型在比较医学信息、传染病动物模型和临床前转化方面具有国际竞争优势，为我国在生命科学、精准医疗、干细胞、肿瘤治疗、器官移植、老年病等研究领域走在国际前列提供了人类疾病动物模型资源基础，为中医药现代化、未来传染病和生物安全防控等提供了科技保障。在 SARS、禽流感、甲流、手足口病、MERS、H7N9、寨卡等国内外重大疫情发生时，能第一时间建立动物模型，保障了国内外首批疫苗评价和应急药物筛选，促进了国家传染病防控体系的高效运转。

（9）中国科学院模式与特色动物实验平台

2006 年，中国科学院整合现有的人才与资源优势，启动了"十三五"中国科学院模式与特色动物实验平台项目。平台联合国家遗传工程小鼠资源库和南京大学模式动物研究所成立中国最大的遗传工程实验动物资源库，为全国科研单位提供实验动物技术服务，建立包括基因打靶猴、猪、兔等特色动物模型，建立包括心血管、肥胖、糖尿病、免疫缺陷、老年痴呆、肿瘤等多种疾病动物模型。利用转基因、体细胞克隆和最新的 TALEN 及 CRISPR/Cas9 等基因编辑技术，建立用于心血管疾病、代谢性疾病、免疫性疾病、肿瘤和神经退行性疾病研究的具有自主知识产权的新型实验动物模型和多种疾病研究的大动物模型。截至 2017 年年底，公布于中国科学院实验动物资源平台（www. lar. ac. cn）的品系数量达到 1864 种。

截至 2017 年，各子平台动物设施总面积约 65 000 m²，大型实验仪器 400 余台，全平台可承接近百项各类技术服务。平台已经建立中国科学院实验动物资

源平台，无偿为成员提供所需要的交流平台。

5.1.3　实验动物资源主要成果和贡献

实验动物作为"创新型国家"的战略资源之一，其发展水平已成为衡量一个国家科学技术发展水平和创新能力的重要标志之一，同时，实验动物产业在诸多层面对社会经济发展的关键性支撑也得以凸显。应该说，从国家科技创新和社会经济发展的角度看，实验动物资源及平台的建设在国家科技创新发展中占有重要地位，在国家生命科学基础研究、应用基础研究与应用研究，生物技术产业与国民经济发展，国家安全和公共卫生体系等方面有着重要的战略意义。

（1）基因工程动物模型是生命科学基础研究与医药研发的奠基石

基因工程动物是通过转基因技术、基因打靶技术或基因编辑技术等基因工程手段，对生物基因组的结构或组成进行人为的修饰或改造，并通过相应的动物育种技术，产生稳定遗传的新的动物品系。基因工程动物模型是生命科学基础研究、重大疾病机制、新药研发、重大传染病防治、基因组学和核酸生物学等学科创新研究必不可少的支撑条件，已成为国际前沿研究的重点与热点。目前，经过基因修饰产生的基因工程动物品系已经在 2 万种以上，成为除常规实验动物品系之外，使用量较多的实验动物新品系。

随着近年来 CRISPR/Cas9 基因编辑技术等一系列方法的发展，现已形成了一整套成熟的基因工程技术体系，并建立了丰富的基因工程动物资源。目前，除小鼠、大鼠之外，爪蟾、斑马鱼、小型猪、雪貂、猴等大型实验动物都已经开始加入基因修饰的行列。

目前，以基因工程为核心技术衍生发展的医药产业十分活跃，成为世界上最有发展前景的产业。在生物制药方面，利用高效表达的克隆转基因动物生产珍贵医用蛋白，主要通过血液、尿腺、乳腺 3 种方式，其中，乳腺是目前公认的生产重组蛋白质的理想器官。目前，除已从转基因的动物乳汁中生产出的抗凝血酶Ⅲ、α-1-抗胰蛋白酶、人凝血因子Ⅸ等治疗蛋白外，还从转基因小鼠或猪的血液中得到了人类血红蛋白、人免疫球蛋白重链等，这些医用蛋白在医疗上均有众多作用。部分基于基因工程动物模型的药物研究和基因治疗，已开始进入临床实验，预计市场总体规模将超过千亿美元。

（2）人源化实验动物资源的建立是真正"个性化"医疗的前提

实验动物与人类基因组、基因调控、细胞类型、器官结构与组成、疾病类型等方面是有一定差别的，因此，需要构建一个无限接近于人的动物模型。如何提升动物模型与人类疾病的相似性，成为实验动物科学根本追求之一。人源化实验动物模型是指将人基因、细胞与组织通过基因修饰或移植到免疫缺陷动物的方式构建的动物模型。人源化实验动物模型已经成为研究人类疾病的重要临床前动物实验模型。近年来，由于基因编辑技术及干细胞培养技术的不断进步，实验动物的人源化技术取得了巨大的进步。

小鼠因其在基因组及生理学特征方面与人的相似性优势，使其成为广泛应用的哺乳动物模式生物系统。尽管小鼠模型研究已经取得了大量基础生物学相关方面成果，然而在小鼠生物系统中，特别是免疫系统，与人不完全一致，突出表现在先天免疫分子方面存在许多的不同，而且许多人致病因子和药物具有种系特异性。因此，建立有效的人源化小鼠模型作为研究人特异性感染病原体、癌症生物学及其免疫治疗的临床前模型等方面，将发挥着越来越重要的作用。另外，人源化小鼠作为转化医学模型，使再生医学、移植和免疫学等生物学研究对其需求也在不断增加。目前，人源化小鼠已经有应用于包括 HIV、登革热病毒、EB 病毒、流感病毒、伤寒/沙门氏菌、结核杆菌、埃博拉病毒、疟疾、败血症等感染性疾病的研究报道。尽管实验动物人源化仍处于研发阶段，但是已经展示了广泛的应用前景，会有更多的人源化实验动物模型不断涌现，并最终成为实现临床上真正"个性化"医疗的重要先决条件。

（3）人源肿瘤组织异种移植动物模型是肿瘤研究前进的助推动力

人源肿瘤组织异种移植动物模型（patient derived xenograft，PDX）是一种直接把人类肿瘤移植在免疫缺陷鼠身上并生长的实验肿瘤模型，该模型保留了人源肿瘤的微环境和基本特性，以及组织病理学特征，并在一定程度上保留了遗传学异质性，弥补了肿瘤细胞系移植模型的一些缺陷。该模型也可保留人源肿瘤的临床和组织病理学标志物、基因表达及 DNA 拷贝数，这些指标均可用于临床上判断肿瘤转移的类型。该模型的另一个优势是具有良好的临床预测性，可应用于指导肿瘤患者的个性化临床用药。

目前，人们已相继研发出包括 NCG 小鼠、NOG 小鼠和 NSG 小鼠等多种类型的重度免疫缺陷表型模型，为建立人源肿瘤组织异种移植动物模型提供了条件。根据基因缺失的不同，小鼠的 T 细胞、B 细胞和 NK 细胞表现为不同程度和组合的缺失。由于对人源组织、细胞几乎没有排斥，因而非常适合人源细胞移植，是良好的移植宿主。

人源肿瘤组织异种移植动物模型的创制，在充分利用临床样本资源的基础上，还可使医生针对每个特定的患者找到一个最佳的治疗方案，从而实现真正

的个性化治疗。另外，在昂贵和复杂的临床试验开始之前，可用一组来自某癌症类型的患者群体的人源肿瘤组织异种移植动物模型，对实验药物以一种"临床试验的方式"加以评估，从而指导实际临床试验的设计。由此可见，与人源化动物相结合的人源肿瘤组织异种移植动物模型对肿瘤学的研究与应用具有举足轻重的作用。

（4）非人灵长类实验动物是脑认知与脑疾病研究的重要支撑载体

发达的认知功能是人类适应环境、改造世界的根本原因，而认知功能的异常与脑疾病的发生密切相关，全球有近亿名脑疾病患者，绝大部分脑病尚无有效治疗方法，因此，该类疾病已成为健康领域的重大挑战。非人灵长类动物在亲缘关系上和人最接近，在脑部组织结构、生理生化、免疫代谢等方面与人类十分相似，其遗传物质同源性达 75%～98.5%，是探究人类脑与认知机制的理想动物模型。

近年来，我国科学家在非人灵长类动物视觉、自我意识、注意、抉择等研究领域取得了重要进展，转基因与基因编辑非人灵长类动物模型的制备已经走在了世界前列，从而使基于非人灵长类重大疾病的动物模型制备、机制和转化研究为针对众多疾病新诊疗技术的研发提供了我国独特的研究优势。因此，非人灵长类实验动物模型研究很有可能成为我国抢占科技前沿、引领国际科学发展的突破方向之一。同时，加强我国非人灵长类实验动物资源培育，开发特色实验动物模型，特别是体细胞克隆技术的完善，对满足重大科学研究和医药产业发展的需求、提高我国科学技术创新能力、保障生命健康具有重大意义。

（5）实验动物模型产业化助力精准医疗和健康中国战略

习近平总书记在党的十九大报告中明确提出，要完善国民健康政策，为人民群众提供全方位全周期健康服务，全面推进健康中国战略实施。实验动物模型产业化发展作为助力精准医疗研究领域及健康中国战略的重要支撑条件，对精准医学、智慧医疗等关键技术突破，创新药物开发，生物医学前沿技术的发展具有极其重要的作用。

《"十三五"生物产业发展规划》也明确指出，生物产业是 21 世纪创新最为活跃、影响最为深远的新兴产业，是我国战略性新兴产业的主攻方向，对于我国抢占新一轮科技革命和产业革命制高点，加快壮大新产业、发展新经济、培育新动能，建设"健康中国"具有重要意义；实验动物资源及产业作为生物医药研究领域的重要过程载体及基础战略资源，对生物医药行业的繁荣起到了举足轻重的作用。因此，纵观全局，实验动物产业的发展将间接成为我国国民经济发展方向的重要支撑保障，在服务、推进和引领生命科学基础研究、现代生物技术创新中处于重要战略地位，并发挥着其他科技基础支撑条件不可替代的重要作用。

（撰稿专家：贺争鸣、田勇）

5.2　实验细胞资源

5.2.1　实验细胞资源建设和发展

5.2.1.1　实验细胞资源

细胞是高级生命的基本组成单位和功能单位，体外培养的各种活细胞及由此衍生的培养细胞是国家生物科技资源的重要组成部分。其中，经过全面鉴定及质量分析，达到国际认可质量标准的实验细胞是国家重要的科技资源。

体外培养的各种细胞，可在液氮中冷冻保藏，用于研究时，再进行复苏、培养扩增。因为细胞培养及其质量控制是一种专门的复杂技术，所以专职的集约化的细胞培养、保藏中心是细胞资源保藏的必由之路。作为生物体具体而微的活的模型，体外培养的细胞广泛用于分子表达调控、分子功能验证等阐释生命基本规律的研究；其是生物医学研究的源头材料，为疾病发生发展及治疗的研究所必需；在生物技术产品、基因工程产品研发等方面的作用也越来越显著。

5.2.1.2　实验细胞资源国际保藏情况

根据资源调查统计，截至 2017 年年底，在世界培养物保藏联盟（WFCC）注册的成员共 765 个，分布在 76 个国家。其中，仅少数发达国家成员国有实验细胞保藏，合计保藏各类细胞 720 种 32 000 余株系（简单数据累加，各国实验细胞资源有较高比例的重复）。美国典型培养物保藏中心（ATCC）共保藏了 350 种动物的细胞 4000 余株系，包括 950 种肿瘤细胞（其中，人肿瘤细胞 700 株系）、1200 株杂交瘤细胞；美国国立卫生研究院（NIH）收集了上万株人类成纤维细胞和转化的淋巴细胞；美国圣地亚哥动物园濒危物种繁殖中心（CRES）保藏了 353 种动物的细胞系 4000 余株系；欧洲细胞库（ECACC）保藏了 45 种动物的近 3000 余株系细胞；日本细胞库（RBRC）保藏细胞 2000 余株系，包括人和小鼠正常来源的诱导多能性干细胞（iPS）及疾病来源的 iPS，此外，还保藏了人和小鼠的多株系胚胎干细胞、间充质干细胞，不同种群来源的转化的外周血淋巴细胞；韩国细胞库（KCB）保藏细胞 610 余株系，170 株系左右是自己建立的各种肿瘤来源的细胞系；德国细胞库（DSMZ）保藏细胞 740 株系，以近400 株系血液系统肿瘤细胞系为特色；瑞士生物信息研究院的生物信息门户网站中细胞聚龙（Cellosaurus，https：//web. expasy. org/cellosaurus/description. html）将细胞系相关知识整理建立数据库，并提供搜索服务。据 2017 年最新版统计，共收集了 107 576 个细胞系，包括人类 80 331 个、小鼠 19 303 个、大鼠 1922个等。

5.2.1.3　实验细胞资源国内保藏情况

实验细胞包括人和动物正常细胞系、人和动物肿瘤细胞系、基因修饰细胞、杂交瘤、干细胞（含诱导型干细胞）、工程细胞（含专利细胞株）等。

我国实验细胞的保藏，绝大部分集中在国家实验细胞资源共享平台（NSTI-CR）的成员单位。截至 2017 年年底，总计保藏了国内外来源的 330 余种动物细胞系近 5300 余株系 10 万余份。在保藏的 330 余种动物细胞系中，有昆虫 4 种、鱼类 34 种、两栖爬行类 19 种、鸟类 27 种、哺乳类 248 种（包括 30 种非人灵长类动物），其中，专利细胞株 474 株系、杂交瘤 968 株系、基因编辑酶 Cas9 稳定转染的细胞 177 株系。另外，从事相关研究的高等院校及科研院的实验室、生物医药公司等散在保藏了不同数量的细胞系。这些细胞绝大部分从平台单位获取，少量为自建专利细胞、基因修饰细胞。2017 年，平台新增资源 216 株系，主要是基因编辑酶 Cas9 稳定转染的细胞，可为后续各研究单位利用基因编辑技术开展各种生物医学研究提供细胞模型。

5.2.1.4　实验细胞资源国内外保藏情况对比分析

国内外实验细胞资源种类相同，各保藏机构结合科学研究的进展情况，加强新资源的建立与收集（表 5 - 2）。近年来，ATCC 建立携带特定基因突变或融合的肿瘤细胞株，也利用 Cas9 基因编辑技术，为用户定制基因修饰细胞。日本细胞库（RBRC），近 10 年来新保藏了 700 余株系诺贝尔奖获得者 Yamanaka 及其他研究人员建立的人和小鼠正常来源的 iPS 细胞、疾病来源的 iPS、胚胎干细胞、间充质干细胞，还保藏了不同种群来源的转化的外周血淋巴细胞。欧洲细胞库（ECACC）近年新增 iPS 细胞 1500 余株系。根据《美国动物保护法》规定，猴等动物来源的细胞不向国外提供服务。ATCC 近年新建的细胞，唯独不向中国提供服务。国内转化淋巴细胞（人外周血转化淋巴细胞），因为共享服务利用少，尚未纳入平台共享资源，今后可加强该类资源的保藏。目前，受限于国内相应的科研水平，国内缺少的主要是正常或疾病来源的 iPS 细胞的建立和保藏。

表 5-2　世界主要实验细胞保藏机构资源保藏情况

保藏机构	涵盖动物种属数量/种	人源细胞/株系	动物细胞/株系	肿瘤细胞/株系	杂交瘤/株系	转化淋巴细胞/株系	iPS/ES/MSC/株系	保藏总量/株系
ATCC	350	950	—	700	1200	—		4000
NIH	1					10 000		10 000
CRES	353		4000					4000
ECACC	45		1000		400		1500	2900
RBRC		716	939		47	50	133	1885
DSMZ								740
KCB			1000		150			1150
NSTI-CRC	330	1293	1732	1063	980		19	3039

注：因有重叠，总量可能与前几项之和有差异。

5.2.2　实验细胞资源主要保藏机构

国家实验细胞资源共享平台作为 23 个国家科技基础条件平台之一，由长期从事实验细胞资源保藏的核心骨干单位组成，包括中国医学科学院基础医学研究所细胞资源中心（以生物医学研究开发所用细胞资源为特色）、中国科学院上海生命科学研究院细胞资源中心（以基础科学研究开发所需细胞资源为特色）、中国科学院昆明动物研究所昆明细胞库（以珍稀濒危动物原代培养细胞为特色）、武汉大学典型培养物保藏中心细胞库（以专利细胞保藏为特色）、空军军医大学细胞工程研究中心（以杂交瘤等工程细胞为特色）、中国食品药品检定研究院细胞资源保藏研究中心（以检定生产用细胞为特色）。这些单位都是国家事业单位，平台工作是单位日常工作，有专职工作人员，场地设施、仪器设备完善，制定了各项规章及管理规范。截至 2017 年年底，各单位资源保藏情况见表5-3。

表 5 - 3　国家实验细胞资源共享平台各成员单位资源保藏情况

成员单位名称	保藏总量/株系	可服务数量/株系
中国医学科学院基础医学研究所细胞资源中心	1200	812
中国科学院上海生命科学研究院细胞资源中心	800	266
武汉大学中国典型培养物保藏中心细胞库	1289*	380
中国科学院昆明动物研究所昆明细胞库	2108**	260
空军军医大学细胞工程研究中心	95	95
中国食品药品检定研究院细胞资源保藏研究中心	210	154
合计	5702	1967

*表示以专利细胞为主；**表示以珍稀濒危动物原代培养细胞为主。

（1）中国医学科学院基础医学研究所细胞资源中心

中国医学科学院基础医学研究所/北京协和医学院基础学院具有的专职机构——细胞资源中心，是世界培养物保藏联盟成员，其宗旨是与国际接轨，建设集科研、服务、培训等多功能为一体的细胞资源中心，为我国生命科学、重大疾病的研究和高水平人才的培养提供高质量的服务。截至 2017 年年底，中心保藏细胞资源 1200 余株系，可对外提供的细胞 812 株系。所提供的细胞实物共享服务连年增加，2017 年为 2900 株次。中心开展实验细胞质量检测评价服务，其中，支原体、种属鉴定、STR 等检测对外提供技术服务。中心不定期举办国内外学术交流、技术培训、咨询等。

中心近年主要工作进展是自建特色资源填补空白、建立基因编辑酶稳定表达的细胞系、对已有资源进行知识挖掘及相关研究。具体包括：①建立永生化人脐静脉内皮细胞系 PUMC-HUVEC-T1，解决了无正确脐静脉内皮细胞系可用及其原代细胞培养困难的难题；②建立 12 个小鼠 iPS 的不同克隆株，并完成相关功能鉴定；③建立与库藏细胞相应的 gDNA 和 cDNA 资源库；④建立稳定表达 Cas9 的 10 余种 170 株系常用肿瘤细胞系，完成质控及功能验证，已开始提供实物服务；⑤建立近 20 种 90 株系稳定表达不同荧光蛋白的细胞系，如 GFP、CFP、RFP、EGFP、mCherry、tdT 等荧光蛋白；⑥建立 7 株系肾透明细胞癌细胞系，并对其基因表达谱、基因突变及甲基化等方面进行了全面检测分析，可用于肾透明细胞癌的发生机制及新药研发等研究；⑦完成 400 余株系人源细胞系 STR 的检测，获得大量 STR 相关数据，结合国际已有的细胞系 STR 数据，建立了数据库，开发了分析软件，可用于进行细胞系 STR 谱的比对分析及身份认证；⑧挖掘库藏肿瘤细胞的干细胞标记，为这些细胞的利用提供深入的背景知识；⑨挖掘库藏肿瘤细胞常见靶向药物靶点突变情况，为肿瘤靶向药物研究提供背景知识。

（2）中国科学院上海生命科学研究院细胞资源中心

中国科学院上海生命科学研究院细胞资源中心是国家实验细胞资源共享平台的核心成员之一，"七五"期间筹建，1991年正式启用。1996年，中国科学院典型培养物保藏委员会成立，中心为其成员之一。2000年，中心参加了世界培养物保藏联盟，成为其登记成员之一。中国科学院干细胞库成立于2007年，是科技部专项经费支持下在全国范围内深度建设的4个干细胞库之一，近年加入中心。中心旨在收集、保藏人和实验动物的细胞系和干细胞系资源；研究和发展细胞系和干细胞系的保藏、培养、质量控制和分发的新技术。中心面向全国，为我国生命科学和生物技术领域的研究工作提供标准化的人和实验动物的细胞系、干细胞系及相关技术服务。中心有约 500 m^2 的二层专用楼房，其中有 80 m^2 达到 GMP 标准。2003年，上海生命科学研究院投资建设了 P2 实验室。2008年 P2 实验室通过上海市徐汇区卫生局备案，按专订的管理制度对上海生命科学研究院开放。细胞库和干细胞库保藏有人和41种动物的细胞株系资源，共计800株系4万余份，主要是人类重要疾病相关细胞系（如肿瘤细胞），也收集、保藏了几十种胚胎干细胞、成体干细胞和 iPS 细胞。2017年，中心支撑国内科学家发表了一系列高水平的研究论文，包括 *Cell*、*Nature*、*Mol Cell*、*Cell Metab*、*Cell Res*、*Neuron*、*PNAS*、*Nature* 子刊等 JCR 一区论文上百篇，彰显出服务科研的支撑作用，取得了显著的服务成效，其中，两位用户的研究成果入选2017年中国生命科学十大进展提名。

（3）中国典型培养物保藏中心细胞库

中国典型培养物保藏中心细胞库是专利局指定的专利细胞保藏中心。有 P2 实验室约 200 m^2，其中，万级约 60 m^2、十万级约 140 m^2，液氮库 60 m^2，仪器用房 50 m^2，办公用房 40 m^2，购置了程控降温仪、定量 PCR 仪、多功能显微镜、大容量液氮等专用设备，具备开展实验细胞资源收集、培养、保藏、质量控制的硬件条件，能对外提供实验细胞建系及鉴定、细胞系质量控制、细胞系安全保藏等服务，也提供国内研究生在细胞培养、细胞质量控制方面的开放服务及短期培训。在国家实验细胞资源共享平台支持下，中心细胞保藏及服务能力极速提升。

（4）中国科学院昆明动物研究所昆明细胞库

中国科学院昆明动物研究所昆明细胞库即中国科学院昆明野生动物细胞库，是在已故中国科学院院士施立明先生的倡导下，于1986年正式成立的，是我国规模最大、保藏最丰富、以保藏动物遗传资源为主要目的的野生动物细胞库。1995 年，细胞库成为中国科学院典型培养物保藏委员会成员；2005 年，参加了科技部国家科技基础条件平台项目"实验细胞资源的整理、整合与共享"的工作；2009 年，成为中国西南野生生物种质资源库动物分库的成员单位；2011 年11 月，通过国家认定，成为国家实验细胞资源共享平台的成员单位。目前，细胞库是国家实验细胞资源共享平台、中国科学院生物遗传资源库和中国西南野生生物种质资源库的成员单位，也是遗传资源与进化国家重点实验室的支撑部门。细胞库保藏有 330 余种（亚种）动物的体细胞系 2108 株系，共计 1 万余份，包括昆虫 4 种、鱼类 34 种（亚种）、两栖爬行类 19 种（亚种）、鸟类 27 种（亚种）、哺乳类 248 种（亚种）（包括 30 种非人灵长类），其中，300 余株系标准化的人和实验动物的正常二倍体细胞和肿瘤细胞系，可供全国各地的科研院所、高等院校和医院等的科研人员使用。除细胞系外，细胞库还保藏有 200 余种动物的组织/DNA 样品，45 种动物的染色体特异探针，4 种动物（赤麂、中国穿山甲、鳡鱼和白颊长臂猿）的细菌人工染色体文库（BAC）和 Fosmid 文库。除提供实物服务外，细胞库还提供有关细胞培养、核型分析、荧光原位杂交等方面的咨询和技术服务。

5.2.3 实验细胞资源主要成果和贡献

根据国家实验细胞资源共享平台数据统计，平台提交运行服务信息，包括日常服务信息 10 886 条、专题服务信息 3 条、典型案例信息 2 条、培训服务信息 3 条。平台提供的服务包括实验细胞资源实物（10 747 株系次）、荷瘤动物模型（52 株次）、细胞培养制剂（512 瓶或支）、各种质控（支原体、同工酶、核型、STR 谱、内/外源微生物、病毒）检测服务（735 项次）及客户定制服务（150 次）。平台服务的用户包括高等院校 5746 家、企业 2593 家、科研院所 2259 家、国防及政府部门 274 家。据不完全统计，平台共支撑了 900 多个项目，包括国家自然科学基金项目 407 项、省部级项目 160 项、国家重点研发计划 15 项、国家重大科技专项 21 项、基地和人才专项 21 项、973 计划项目 22 项、863 计划项目 7 项、国家科技支撑计划课题 5 项、其他项目 240 余项；支撑了 1000 余篇论文的发表；开展多次人员培训。2017 年，平台采取多项举措，服务成效显著提高。

（1）支撑创新驱动战略，研制新型资源

平台建立了一整套原代细胞培养、转化、鉴定、支持应用的体系，全面服

级标准物质主要通过与一级标准物质进行比较测量定值或多家实验室采用一种或一种以上方法进行合作定值。为便于管理和应用，我国标准物质按应用领域分为十三大类，分别为钢铁、高分子、工程技术、核材料、化工、环境、建材、矿产、临床、煤炭石油、食品、物化特性、有色，并以标准物质编号的前两位数字 01~13 表示。此外，按照标准物质所提供特性量的种类，还可分为化学成分、物理特性和工程材料三大类。

5.3.1.2　标准物质资源国际研发情况

为使全球科技工作者能快速、准确地了解和查询到全球最新、最全的标准物质信息，促进标准物质在世界范围内的广泛应用与推广，实现高质量的信息服务和国际合作与交流，1990 年 5 月，由中国国家标准物质研究中心（NRC-CRM）、法国国家测试所（LNE）、美国国家标准技术研究院（NIST）、英国政府化学家研究所（LGC）、德国国家材料研究所（BAM）、日本国际贸易和工业检验所（ITIII）、苏联全苏标准物质计量研究所（UNIIMSO）7 个国家的实验室，签署了合作备忘录，承诺合作建立国际标准物质信息库（International Data Bank on Certified Reference Materials，COMAR），网址 http：//www. comar. bam. de。COMAR 的成员国共 27 个，分别为中国、比利时、捷克、德国、日本、韩国、墨西哥、荷兰、英国、美国、加拿大、智利、瑞典、澳大利亚、奥地利、法国、波兰、斯洛伐克、南非、俄罗斯、印度、巴西、保加利亚、蒙古、哥伦比亚、白俄罗斯和土耳其。

COMAR 虽在资源的全面性和及时更新程度上存在不足，但作为统计世界各国标准物质资源分布的唯一途径，所提供数据具有一定的参考意义。截至 2017 年年底，COMAR 依据其编码和录入原则，共收录全球 1 万余种 CRM。我国部分一级标准物质信息纳入 COMAR 共享。通过 COMAR 统计，以下国家资源在数量上占有较大优势：日本 1449 种，中国 655 种，法国 565 种，英国 917 种，德国 899 种，比利时 792 种，韩国 200 种，波兰 554 种，俄罗斯 436 种，美国 448 种，澳大利亚 410 种，加拿大 202 种。所提供的 CRM 数量之和超过 COMAR 中资源总量的 90%。英国、美国、法国、德国等国的标准物质研究水平处于世界领先地位，中国、日本等亚洲国家标准物质的发展速度也非常快，数量和占比呈现上升趋势。COMAR 最新标准物质资源状况见表 5-5、图 5-1。食品、医药、环境等新兴领域标准物质数量近年来持续增长。

表 5 – 5　COMAR 中各类 CRM 的数量

单位：种

领域	库内 CRM 总数	标准物质 种类	该类 CRM 数量	领域	库内 CRM 总数	标准物质 种类	该类 CRM 数量
钢铁	1304	副产品	47	无机	1307	建筑材料水泥石膏	52
		铸铁	177			化肥	14
		高合金钢	182			一般产品和纯试剂	170
		低合金钢	336			玻璃、耐火材料陶瓷 无机纤维	201
		其他	311				
		钢铁工业分析用纯金属	11			无机气体和气体混合物	219
		原材料	54			其他	180
		特种钢	13			氧化物、盐	171
		低碳钢	173			岩石、土壤	300
有色金属	1529	Al、Mg、Si 和合金	187	有机	928	有机物：溶剂气体和 气体混合物	134
		Cu、Zn、Pb、Sn、Bi 和合金	921			化妆品、表面活性剂	21
		轻的元素（Li、Be） 碱、碱土金属	7			其他	282
		Ni、Co、Cr 和难熔 金属	79				
		其他	68			涂料、清漆、染料	1
		贵金属和合金	98			杀虫剂、除草剂	120
		用于有色金属分析的 纯金属	73			石油产品和碳衍生物	144
		稀土 Th、U 和超铀元素	41			塑料橡胶有机纤维	85
		原材料和副产品	23			一般纯有机分析	140
		Ti、V 和合金	32			合成产品和中间体	1
物理 和技术 特性	1587	其他	66	工业	1896	建筑、公用工程	8
		频率	1			电力、电子、计算机 工业	37
		物理化学特性	366			燃料	48
		放射性	936			测量和试验	1220
		热力学	63			矿石、矿物	506
		电和磁特性	39			其他	67
		机械特性	30			原材料和半成品	10
		光学特性	86				

续表

领域	库内 CRM 总数	标准物质种类	该类 CRM 数量	领域	库内 CRM 总数	标准物质种类	该类 CRM 数量
生物和临床	413	临床化学	227	生活质量	1431	农业	54
		一般药品	14			消费品	21
		溶血学、血液学、细胞学	16			环境	531
		免疫血液学、输血、移植	1			食品	375
		免疫学	11			法律控制犯罪	358
		其他	144			其他	92

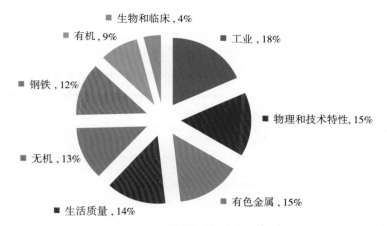

图 5-1 COMAR 中各领域资源占比分析

COMAR 中标准物质所涉及的国外研制机构共 184 家，研制规模较大、具有代表性的机构见表 5-6。由于各国标准物质管理模式和统计口径不同，实际资源总量远大于 COMAR 资源统计数量（表 5-7）。

表 5-6 COMAR 中国外主要标准物质研发机构

国别	机构名称
美国	美国国家标准和技术研究院 * （National Institute of Standard and Technology）
	美国地质调查所 （U. S. Geological Survey）
加拿大	加拿大国家研究委员会 * （National Research Council of Canada）
	加拿大自然资源部 （Natural Resources Canada）
巴西	巴西计量院 * （Instituto Nacional de Metrologia，Qualidade e Tecnologia）
	巴西技术研究院 （Instituto de Pesquisas Tecnologicas）

续表

国别	机构名称
墨西哥	国家计量中心*（Centro Nacional de Metrologia）
德国	联邦材料测试研究院*（Bundesanstalt Materialprufung）
	国家物理研究院*（Physikalisch-Technische Bundesanstalt）
英国	政府化学家实验室*（Laboratory of the Government Chemist）
	分析样品局（Bureau Analyzed Samples Ltd）
比利时	欧盟标准物质与测量研究院（Institute for Reference Materials and Measurement）
法国	法国国家计量实验室*（Laboratoire National de Metrologie et d'Essais）
	液化空气公司（Air Liquide）
	法国替代能源与原子能委员会（CEA）
捷克	国家公共健康研究院（National Institute of Public Health）
波兰	国家测量中心*（Central Office of Measures）
	核化学技术研究院（Institute of Nuclear Chemistry and Technology）
俄罗斯	西伯利亚国家计量科学研究院*（Siberian Scientific Research Institute for Metrology，Rosstandart）
	乌拉尔国家计量科学研究院*（Ural Scientific Research Institute for Metrology，Rosstandart）
	地球化学研究所（Institute of Geochemistry）
斯洛伐克	斯洛伐克计量院*（Slovak Institute of Metrology）
	辐射与应用核技术研究院（Institute of Radioecology and Applied Nuclear Techniques）
日本	日本国家计量院*（National Metrology Institute of Japan）
	化学品评估与研究院（Chemicals Evaluation and Research Institute）
	国家环境研究所（National Institute for Environmental Studies）
	日本分析化学协会（Japan Society for Analytical Chemistry）
	日本钢铁联合会（Japan Iron and Steel Federation）
	日本陶瓷协会（Ceramic Society of Japan）
	日本铜业协会（Japan Copper and Brass Association）
	地质与地理信息研究所（Institute of Geology and Geoinformation）
韩国	韩国标准及科学研究院*（Korea Research Institute of Standards and Science）
	气体安全研究及发展研究院（Institute of Gas Safety Research & Development）
澳大利亚	澳大利亚国家测量研究院*（National Measurement Institute of Australia）

*为该国指定的国家计量院。

续表

国家/地区/机构	QM/1	QM/2	QM/3	QM/4	QM/5	QM/6	QM/7	QM/8	QM/9	QM/10	QM/11	QM/12	QM/13	QM/14	QM/15	总计
埃塞俄比亚																
芬兰				6	1											7
法国	1	13	22	41	13	4	2		4	10	18		7			135
格鲁吉亚																
德国	25	34	17	82	27	7	6	159	43	38	20	3	41	22	7	531
加纳																
希腊	1				7					2	9					19
中国香港	5	3			7	1			1	14	22	2	13	2		70
匈牙利				19		3	4									26
国际原子能机构																
印度				1												1
印度尼西亚																
伊朗																
伊拉克																
爱尔兰																
以色列																
意大利				2				3	2		2					9
牙买加																
日本	86	49	12	153	22	6	1	3	13	10	115	9	71			550
欧盟联合研究中心																
哈萨克斯坦				6	1											7
肯尼亚												2				2
韩国	5	35	50	359					18	20	124		0	5	2	618
科威特																
拉脱维亚																
立陶宛																
卢森堡																
马其顿																
马来西亚																
马其他																
毛里求斯																

续表

国家/地区/机构	QM/1	QM/2	QM/3	QM/4	QM/5	QM/6	QM/7	QM/8	QM/9	QM/10	QM/11	QM/12	QM/13	QM/14	QM/15	总计
墨西哥	62	37	66	26	12	6	2	15	5	4	16		78			329
摩尔多瓦																
蒙古																
黑山																
纳米比亚																
荷兰	17		4	223	2						1		0			247
新西兰																
挪威																
阿曼																
巴基斯坦																
巴拿马																
巴拉圭																
秘鲁		9			1	4	3				3		2			22
菲律宾																
波兰	1			23		6	2									32
葡萄牙				21												21
卡塔尔																
罗马尼亚		7			7			4		3	2		4			27
俄罗斯	35	15	24	467	12	6	4	14	20	4	8		21	3		633
沙特阿拉伯																
塞尔维亚				1												1
塞舌尔																
新加坡	12				9					16	20			3		60
斯洛伐克	7	35		38		5	2									87
斯洛文尼亚					2			1		5	7		4	2		21
南非		1	2	82				4			20	8		1		118
西班牙				31												31
斯里兰卡																
苏丹																
瑞典						2										2
瑞士				14												14
叙利亚																
坦桑尼亚																

续表

国家/地区/机构	QM/1	QM/2	QM/3	QM/4	QM/5	QM/6	QM/7	QM/8	QM/9	QM/10	QM/11	QM/12	QM/13	QM/14	QM/15	总计
泰国	2			4	8	4			7	7	30	2		3		67
突尼斯																
土耳其	25	2		9	16		7			27	32	6	6	3		133
乌克兰	1			22		6	4									33
阿联酋																
英国	30	26	8	328	13		1	6	25	18	1	3				459
美国	10	73	149	135	21	9	3		9	160	19	33	1	14		636
乌拉圭				11	2	2				2						17
乌兹别克斯坦																
越南																
世界气象组织				3												3
赞比亚																
津巴布韦																

注：QM/1 为高纯物质，QM/2 为无机溶液，QM/3 为有机溶液，QM/4 为气体，QM/5 为水，QM/6 酸度，QM/7 为电导，QM/8 为金属及金属合金，QM/9 为先进材料，QM/10 为生物流体及材料，QM/11 为食品，QM/12 为燃料，QM/13 为沉积物、矿物、土壤及颗粒，QM/14 为其他物质，QM/15 为表面、薄膜及工程纳米材料。

我国与美国、德国、韩国、俄罗斯互认项目分布对比见图 5-3。可以看出，高纯物质、无机溶液、有机溶液及食品领域互认能力数量分别排名第一、第二、第二和第三，表现出国际优势；但是，水，金属及金属合金，生物流体及材料，食品，沉积物、矿物、土壤及颗粒等是亟待发展的互认领域。

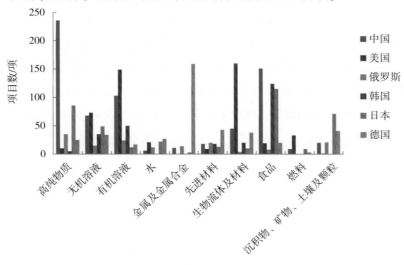

图 5-3　我国与美国、德国、韩国、俄罗斯、日本互认项目对比

5.3.2 标准物质资源主要研发机构

5.3.2.1 国家标准物质资源研发情况

截至 2017 年年底，我国国家一级与二级标准物质资源研发机构 490 余家，在国家一级与二级标准物质资源研发数量排名前 50 位的机构中，研发数量前 10 位机构资源占比 37.3%，前 20 位机构资源占比 49.3%，前 30 位机构资源占比 56.8%，前 40 位机构资源占比 62.1%，前 50 位机构资源占比 66.0%，前 100 位机构资源占比 78.0%。

其中，国家一级标准物质研发机构 170 余家，机构类型主要为国家或地方专业研究机构及国企，除综合性研发机构中国计量院外，各研发机构所研发标准物质的专业领域分布特征明显，其中，资源研发数量前 10 位机构资源占比 53.1%，前 20 位机构资源占比 64.4%，前 30 位机构资源占比 72.1%，前 40 位机构资源占比 77.6%，前 50 位机构资源占比 81.8%（表 5－12），前 100 位机构资源占比 94.3%。涉及钢铁、地质、冶金等传统领域的标准物质研发机构占比仍较大。

以标准物质研发总数量和国家一级标准物质研发数量均排名前 50 位作为衡量标准，国内较具实力的标准物质资源研发机构为中国计量科学研究院（国家标准物质研究中心）、中国地质科学院地球物理地球化学勘查研究所、卫生部临床检验中心、中国医学科学院药物研究所、国家地质实验测试中心/地质矿产部岩矿测试技术研究所、核工业北京化工冶金研究院、钢铁研究总院、国家海洋局第二海洋研究所、北京航空材料研究院、兵器工业西南地区理化检测中心、核工业北京地质研究院、山东省冶金科学研究院、武汉综合岩矿测试中心。

通过 2006 年 12 月至 2017 年 12 月各研发机构一级标准物质研发数量的统计，可以看出以下标准物质研发机构近年来在高水平标准物质的研发方面较为活跃（表 5－13）。

的国家标准物质中心实物库，实现了全部国家 CRM 资源的信息共享，资源品种数量居世界前列。

平台资源涉及钢铁、高分子、工程技术、核材料、化工、环境、建材、矿产、临床、煤炭石油、食品、物化特性、有色 13 个应用领域。根据行业牵头作用和资源优势，遴选重点资源研发单位参与平台建设。国家标准物质资源共享平台支持的参建单位资源保藏量见表 5 – 14。

表 5 – 14　国家标准物质资源共享平台支持的参建单位资源保藏量

序号	研发机构	资源保藏量/种
1	中国计量科学研究院	1502
2	上海市计量测试技术研究院	385
3	中国地质科学院地球物理地球化学勘查研究所	284
4	钢铁研究总院/钢研纳克检测技术有限公司	243
5	中国医学科学院药物研究所	183
6	中国测试技术研究院	89
7	国家地质实验测试中心/地质矿产部岩矿测试技术研究所	117
8	国家海洋局第二海洋研究所	64
9	国家粮食局科学研究院	29
10	国家纳米科学中心	32
11	煤炭科学研究总院	32
12	中国疾病预防控制中心职业卫生与中毒控制所	16
13	江苏省计量科学研究院	11
14	中国建材检验认证集团股份有限公司	8
15	贵州省计量测试院	3
	合计	2998

平台国家标准物质中心实物库根据资源质量、重点领域需求、研发机构供应和质量保证情况等，兼顾安全保藏条件要求，遴选并集中保藏了约 2000 种国家标准物质实物资源，以提升资源共享效率，该部分资源以国家一级和特色资源为主，其余资源则主要以信息共享的方式带动分散资源的实物共享。

平台成为我国标准物质的主要获取渠道，通过资源信息化共享手段与服务模式的不断探索，服务量稳步攀升。网站年登录人次 100 万以上，实物资源年共享量 55 万单元以上，服务用户数量累计 6 万余家，涉及企业、质量监督与检验检测部门、科研院所、高等院校、军事国防部门等各个类型。通过建立先进的、与国际接轨的技术规范体系、质量管理与质量评价体系，标准物质相关国家校准测量互认能力排名升至世界第二，资源出口至澳大利亚、法国、俄罗斯等 20 多个国家和地区，形成国际优势。平台资源广泛应用于国家食品安全、临床检验、环境监测、科技创新等各个领域，得到了社会的广泛关注与认可。平台的建成也推动提升了我国标准物质领域的整体研究水平与国际地位。依托平台建设的多项规范上升为国家计量技术规范，促进了我国高端国家级标准物质的规范化研发，标准物质标准测量互认能力跻身国际前列。

5.3.3 标准物质资源主要成果和贡献

（1）为食品安全突发事件提供可靠测量保障

氟虫腈是一种苯基吡唑类杀虫剂，被世界卫生组织列为"对人类有中度毒性"的化学品，可致肝功能、肾功能和甲状腺功能损伤。2017 年 6 月，欧洲爆出氟虫腈污染鸡蛋事件，几十万只毒鸡蛋流入市场，欧盟 15 个成员国均未能幸免。随后，我国台湾地区、香港地区和韩国均有鸡蛋受到氟虫腈污染的报道，全球大面积鸡蛋污染引起极大的恐慌，而我国国标中既没有鸡蛋中氟虫腈的限量标准，又没有方法标准，基体标准物质也处于空白。

为了应对"鸡蛋中氟虫腈农药污染"事件急需，保证鸡蛋检测结果的准确可靠和可溯源，国家标准物质资源共享平台第一时间启动了应急预案，以氟虫腈和氟甲腈、氟虫腈砜、氟虫腈硫醚 3 个代谢物为目标，从纯物质和基体两个切入点组织科研骨干进行攻关，同时开展氟虫腈和氟甲腈、氟虫腈砜、氟虫腈硫醚 3 个代谢物标准物质（纯度标准物质和基体标准物质）和定值技术研究。在定值过程中，优化了样品处理条件，确定了色谱分离条件实现 4 种目标物的基线分离，选择了质谱检测的特征离子对进行定量分析。最后对于定值方法进行了基质效应评估和回收率实验，验证了方法的有效性。对于基体标准物质制备，筛选了 15 种市售鸡蛋样本，选择了天然空白样品和天然污染样品，采用匀浆冻干技术，制备了空白和阳性标准物质候选物各 200 单元。该候选物在形成标准物质后，将提供共享。制备的标准物质填补了国内空白，为国标的发布实施和量值统一奠定了基础。同时，该标准物质还参加了 2017 年 10 月的 BCEIA 展览，获得了广泛关注。

（2）支撑产业发展与科技创新

以医药产业为例，通过在研发和生产过程中引入标准物质等准确测量保证技术，每个新型药物的研制成本可降低 25% ~ 48%，新药审批周期可从 122 个月降低到 98 个月。药物的多晶型研究成为当前国际制药领域的热点与难点问题。

药物的不同晶型可能具有不同的硬度、熔点、密度、溶解度、溶解速率等理化性质，更重要的是，可能引起药物生物利用度、稳定性、毒副作用等方面的差异。

丹酚酸 A 是从中药材丹参中提取获得的一种水溶性化合物，临床上主要用于心绞痛及急性心肌梗死、脑血栓形成的后遗症、血栓闭塞性脉管炎、硬皮病、视网膜中央动脉栓塞、神经性耳聋、白噻氏综合征及结节性红斑等疾病的治疗。中国医学科学院药物研究所在多年的研究基础上，发现了丹酚酸 A 的新药理活性，即适用于糖尿病周围神经病变，并以此新适应证进行化学 1.2 类新药的开发，该药目前已获得临床试验批件。

目前，该新药研发进入了由中试向产业化转化的关键阶段。丹酚酸 A 单体的获得是从中药材中提取浸膏，再经过柱层析纯化获得丹酚酸 A，这一过程中主成分丹酚酸 A 及其他杂质成分的含量监测非常重要。国家标准物质资源共享平台为药物研究所提供的丹酚酸 A 国家二级纯度标准物质为高纯化学物质，其化学纯度达到 95%；同时提供了阿魏酸、异阿魏酸、原儿茶醛、咖啡酸纯度标准物质进行杂质控制，其化学纯度达到 99% 以上。在上述系列的标准物质支撑下，使产业化的丹参提取过程、主成分与杂质成分的含量测定等工作能够顺利开展，为该新药的临床样品制备工作提供了可靠的质量保障和关键的物质基础。

（3）支撑水质监测

水质安全是重大公共卫生安全问题，我国的生活饮用水卫生新标准已正式实施，要求各省（区、市）和省会城市实现新的《生活饮用水卫生标准》全部 106 项水质指标检测能力全覆盖，地级城市具备水质常规指标和本地区重点非常规指标的检测能力，县级市和县城具备水质常规指标的检测能力。

近年来，国家标准物质资源共享平台与中国疾病预防控制中心环境与健康相关产品安全所、职业卫生与中毒控制所等联合组织了多项中国国家认证认可监督管理委员会的饮用水检测能力验证项目，利用平台无机、有机校准溶液标准物质国际互认能力的优势，积极开展需求调研和配套研发，提供资源的规模化定制服务及全程技术支持，以了解我国通过资质认定的第三方检测实验室生活饮用水检测能力。

标准物质品种已可覆盖《生活饮用水卫生标准》中 92% 以上非常规和参考检测项目，标准物质资源推广到全国 31 个省（区、市）水质监测网站，对水质监测国家标准的有效实施提供了强有力的支撑。随着工业化的进一步发展和检测手段的进步，在环境中检出的有机污染物的种类越来越多，为了满足环境中

新型有机污染物的识别分析，平台根据需要提供了以人用和兽用为主的抗生素标准物质，为该项研究奠定了基础。依托平台提供的技术资源，建立了35种抗生素的分析方法，并对典型的污染源和环境介质进行了取样监测，其结果有力地支撑了有关法规的实施。

（撰稿专家：卢晓华、汪斌）

5.4 科研用试剂资源

5.4.1 科研用试剂资源建设和发展

5.4.1.1 科研用试剂资源

试剂是科学研究和分析测试必备的物质条件，是新兴技术不可或缺的功能材料和基础材料，是科技发展的重要支撑条件之一。传统化学试剂被称作"通用试剂"。1978年以来，随着国家相关科技计划的实施及物理学、化学、生命科学和材料科学的飞速发展，我国已经具备了一定的科研用试剂科研、开发和生产能力。科研用试剂在科学技术研究和国民经济发展的各个领域，被广泛用于测定和验证物质的组成、性质和变化，被喻为"科学的眼睛"和"质量的标尺"。近年来，我国在科研用试剂的分离、纯化、合成、杂交、克隆与表达、细胞培养和细胞融合、有机溶剂合成制备、产业化、分析检测等领域均取得了技术突破和长足进步；建立了包括有机化合物中间体、专用试剂、高纯溶剂等研发和产业化基地及应用检测的平台；形成了从事试剂研发、检测、工艺设计等的技术人才队伍，为国内科研用试剂的发展积累了良好的技术基础。

5.4.1.2 科研用试剂资源国际发展趋势

21世纪以来，科学技术迅猛发展，为满足科学实验及新技术、新工艺的需求，科研用试剂经过不同阶段的发展和调整，迅速发展，出现了大量新技术、新品种，始终保持与国际科技发展前沿相适应的特点。一是不断推出适用基础研究需求的新试剂和新产品，成为跟踪和引导前沿科技发展的重要手段，如德国制药与化工巨头默克收购美国生物化学公司Sigma-Aldrich形成的默克生命科学业务部，提供超过20万种试剂等产品；二是种类涉及领域广，全面覆盖基础研究、农业、生物制药和医药研究、医用材料和临床检验、能源、环境和工业卫生、香精香料与食品及饮料、半导体、化工制造等众多行业；三是技术服务体系日趋完善，为科学技术研究提供全面支撑，能提供覆盖基础研究、产品与流程开发、生产与制造、监管规范、设施运营和定制服务等诸多方面的技术服务；四是研发投入快速增长，形成能够站在科学技术研究前沿的研发团队。可见，发达国家科研用试剂的研发、应用与服务体系已经强有力地支撑了其国家科学研究与技术创新。

目前，国际上有品名的试剂在 20 万种以上，有化学品安全使用书（Material Safety Data Sheet，MSDS）的品种在 12 万种以上。国内市场常用流通品种试剂约 10 万种，国内持续生产的试剂品种约 6000 种，其中，通用试剂占 70% 以上，科研用试剂约占 30%，虽然品种数量和科研用试剂比例持续增加，但国内试剂品种范围还不够全面。

5.4.1.3　科研用试剂资源国内发展情况

我国科研用试剂发展在 20 世纪末进入低谷，随着科技和经济的快速发展，试剂在科学研究和新技术、新产业领域的基础和引领作用越来越凸显，科研用试剂的研发也出现在各类科技计划项目中。"十一五"和"十二五"国家科技支撑计划和上海等地方都进行了大力支持，逐渐形成良好的研发和产业化态势，国内科研用试剂在技术、人才、产品品种和质量方面取得全面快速发展，企业的科技投入经费逐年增加，具有国际水平的产品不断进入市场，政产学研用的发展链条逐步衔接并运转，为科研用试剂奠定了良好的发展基础。随着生物技术的兴起，科研用试剂的范畴由科研用试剂向生化试剂等新的领域拓展。国家科技支撑计划、863 计划、自然科学基金等多项科技计划，对电子工业专用化学品、生化及分子生物学试剂、临床诊断试剂、特种有机溶剂等新兴领域的研发进行了持续支持，提升了我国在相关试剂领域研发的自主创新能力。按照检测原理和检测方法分类，体外诊断试剂包括生化、免疫、分子、微生物、凝血类、血液学和流式细胞等诊断试剂，在各种类型中，国产试剂的占比差异较大，但是高端仪器配套试剂占比极低。随着二代基因测序和微流控等新技术，"互联网＋"、大数据和健康管理等新兴模式出现，以及精准医疗等新目标都为该行业发展提供了巨大的空间。

我国试剂行业变化主要体现在以下几个方面：行业格局变化显著，行业资本总额进一步扩大，行业总产能框架基本形成；新的经营理念深化，"互联网+"进展迅猛，行业创新发展和重点投入增加，试剂的品牌建设和产权意识加强；试剂品种的研究和技术有了较大拓展，产品线拉长，涉及应用与服务。试剂企业的技术创新和能力建设有了很大的进步，尤其是上海、广东和京津等地区。2018年年底试剂品种从3000多种增加到6000种，通用试剂的市场占有率约50%。目前，国内通用试剂、仪器分析试剂、特种试剂及电子工业专用化学品的生产以化工行业为主，临床诊断试剂和生化试剂主要由专业科研院所、高等院校及高新技术企业研制。从企业规模上看，国药集团化学试剂有限公司（原上海科研用试剂公司）是国内最大的科研用试剂公司，能够提供的国内外试剂品种达3.4万种（代理进口和OEM），累计可以生产的品种数量在4000种左右。近年来，华大基因、科华生物等一批开展科研用试剂研发生产的新兴企业开始涌现。从区域分布来看，国产科研用试剂研发和生产的主要力量集中在上海、南京、北京、广州、天津、厦门等地。

虽然我国科研用试剂的发展取得了可喜的成果，但在新产品研发与创新方面与国际先进国家相比还有较大差距。一是新型试剂的创新能力不足。科研用试剂领域产学研各环节链接不强，突出表现在原创性试剂较少、成果转化效果尚不明显、高端新型试剂产品质量水平较低、市场竞争力较弱；生产企业对新产品、新技术开发的投入不足，缺乏核心技术的创新，对相关共性关键技术缺乏系统的研究开发，新合成工艺路线、新技术的开发能力下降，使得新品种开发速度缓慢。二是质量控制和标准研究投入不足，质量保障体系不完备。对新型试剂的质量控制技术和标准研究投入不足，对细分指标的研究不充分，导致产品质量稳定性、可靠性和先进性体现不够，与国外试剂相比缺乏核心竞争力。

5.4.2 科研用试剂资源主要研发机构和生产企业

5.4.2.1 国内研发机构

（1）北京有色金属研究总院

北京有色金属研究总院是国内有色金属行业规模最大的综合性研究院，从20世纪50年代开始从事高纯金属的制取工艺和分析方法的研究工作。经过几十年的沉积，采用区域熔炼、真空蒸馏、卤化物氢还原和电解精炼等方法相组合的新工艺，成功制备出了包括铟在内的24种5N、6N高纯金属。近年来，开展了高纯铟深度纯化及ITO靶材的研究，曾承担"大尺寸ITO靶材的研制"课题。

在高纯金属制备设备方面，自主研制并商业化有真空/非真空热处理设备、电解精炼用相关设备、电子束轰击熔炼提纯装备、区域熔炼提纯设备等。承担"十一五""十二五"国家科技支撑计划"科研用试剂核心单元物质及共性关键技术的研制与开发"课题，已经完成了20余种科研用试剂核心无机单元物质的纯化技术和制备工艺的研究，研制出了小型化多用途的电解精炼、低熔点金属真空蒸馏、高熔点金属电子束熔炼和电阻及电子束区域熔炼等设备，初步建立了高纯无机单元物质产品的研发平台。

（2）北京牛牛基因技术有限公司

北京牛牛基因技术有限公司成立于1997年，由回国留学人员投资建立，主要业务涉及新产品研发、样品检验与新药研发、科研用试剂的研发，是一家专门从事医学、生物学及基因合成等方面研究和相关高科技产品研发的民营企业。目前，企业具有基于基因工程、分析生物学研究、中西药药理和药效学研究、临床诊断试剂和实验室试剂研发、培养基研究、质控实验室及科学仪器研发平台等实验室和生命科学及药检、医学、生物工程等相关产品生产基地，该基地拥有 1000 m² 左右达到十万级生产医用产品的净化车间，加工生产 150 多个自行研发的产品。自主研发和技术产品的储备。十几年来，企业承担了 10 余项国家科技攻关和国家科技支撑计划项目，以及北京市科委的重点科研项目，具有多层次和多品种技术产品的储备，并建立了 10 多家高等院校和国家级科研院所参与的科研用试剂产学研发展联盟，多角度、全方位地设立了质量控制和检测平台。

（3）中国计量科学研究院

中国计量科学研究院成立于1955年，承担着研究、建立、维护、保存国家计量基（标）准和研究相关的精密测量技术的任务，形成了国家基（标）准体系的主体和核心，为保证全国量值的统一做出了重要贡献。建院 60 多年来，中国计量科学研究院以瞄准国际计量科学前沿，满足国家科技、经济和社会的发展及高新技术应用需要为目标，开展了大量的计量基础性、前瞻性和综合性的技术研究，共获得国家级、部门级科研成果奖 300 多项。为我国的国民经济建设、高新技术发展和社会进步起到了重要的支撑作用。中国计量科学研究院化学所作为"十一五"国家科技支撑计划重点项目"科研用高纯有机试剂核心单元物质及共性关键技术的研制与开发"课题负责单位，开展了高纯科研用试剂分离纯化技术、复杂样品制备技术和高丰度同位素纯品的制备与检测技术的研究，在高纯有机溶剂质量监测方法体系建立方面进行了大量研究工作，建立了

基于现代先进检测技术与设备的质量控制体系。中国计量科学研究院化学所进行了光谱级、色谱级、农残级有机溶剂（甲醇、乙腈、乙醇、乙酸乙酯、丙酮、正己烷）的质控检测平台的构建，纯化工艺技术研究及包装、储存、运输等工程化研究，形成了有机溶剂质量控制与标准化平台，建立了试剂中杂质及主成分的系统分析方法，建立了用于生产过程质量控制的分析检测技术与方法，高纯有机溶剂的全分析方法标准体系，以及规范化的、不同级别和用途的试剂的技术指标，包括农残级、色谱级、光谱级溶剂的技术指标等。化学所研究标准物质1500余种，为试剂测量表征提供了校准标准。

（4）中国原子能科学研究院

中国原子能科学研究院创建于1950年，是我国核科学技术的发祥地和先导性、基础性、前瞻性的综合研究基地。现有职工3000余人，其中，两院院士5名、博士生导师70余名、高级科研与工程技术人员700多人。50多年来，研究院为中国核事业发展培养了大批人才，输送各类骨干人才6000多名，有60余位院士曾在研究院工作过。研究院拥有北京串列加速器核物理国家实验室、国家同位素工程技术研究中心、中国核数据中心、核保障重点实验室、国防科工委放射性计量一级站、中国快堆研究中心、核临界安全中心等重点实验室。"十五"期间，研究院有2个项目荣获国家科技进步奖二等奖，56个项目获省部级奖，7人获何梁何利奖等名人奖。目前正在以"四大工程"为科技创新平台，加强8个重点学科的建设和14个重点实验室能力的提升，以国防科技、核电基础和先进核能、核基础科技与交叉学科、核技术应用及产业化为主导方向，深化科技体制改革与创新。作为国内唯一能够制备多品种浓缩同位素的研究单位，研究院具有电磁分离器、加速器、MC-ICP-MS和二次离子质谱仪SIMS等大型仪器及配套设备。二十世纪六七十年代研究院研制的多种类浓缩同位素，为近几十年国内同位素相关研究领域的工作做出了重要的贡献。

（5）中国医学科学院基础医学研究所

中国医学科学院基础医学研究所成立于1978年，其前身为1958年成立的中国医学科学院实验医学研究所和1921年建立的北京协和医学院基础医学系。目前，所（院）在职职工374人，其中，中国科学院院士3人、中国工程院院士3人、长江学者特聘教授4人、国家杰出青年基金获得者11人、高级职称专业技术人员126人。所（院）以学科建设为基础，重视科研发展与人才培养，现有15个学系、1个对国内外开放的医学分子生物学国家重点实验室、1个国家级基础医学实验教学示范中心。所（院）承担着科研和教学两大任务。科研方面，

第 6 章

国际动态

　　生物种质和实验材料资源是科技创新的重要物质基础，历来是科技资源领域国际竞争和争夺的焦点。世界主要发达国家和新兴国家普遍重视生物种质和实验材料资源的收集、保存、共享和开发利用，通过制定一系列政策与规划，把握国际前沿技术发展趋势，推动资源的挖掘和创新利用。

6.1 国际政策与规划进展

6.1.1 国际公约和国际组织

《生物多样性公约》（CBD）旨在保护濒临灭绝的植物和动物，最大限度地保护地球上多种多样的生物资源，以造福当代和子孙后代，于1992年由签约国在巴西里约热内卢举行的联合国环境与发展大会上签署。2016年12月，《生物多样性公约》第十三次缔约方大会在墨西哥召开会议，会议宣布中国获得2020年《生物多样性公约》第十五次缔约方大会主办权。会议还形成了将保护和可持续利用生物多样性以增进福祉纳入主流的《坎昆宣言》，强烈地反映了会议保护生物多样性的意愿，并为在协调环境、经济和社会发展的前提下，革新地解决发展过程中的挑战提供了新的机遇。此外，会议就以下问题达成了一致，即号召全社会所有公共部门和经济主体把生物多样性保护纳入商业和发展的相关法律与政策体系内。

《卡塔赫纳生物安全议定书》和《名古屋议定书》都是CBD缔约方根据公约的若干条款要求订立的。《卡塔赫纳生物安全议定书》的目标是协助确保在安全转移、处理和使用凭借现代生物技术获得的，可能对生物多样性的保护和可持续使用产生不利影响的改性活生物体领域采取充分的保护措施，同时顾及对人类健康所构成的风险并特别侧重越境转移问题。《卡塔赫纳生物安全议定书》于2000年1月29日通过，于2003年9月11日生效，截至2016年6月底，共有170个缔约方。中国于2000年8月8日签署并于2005年4月27日核准该议定书。该议定书于2011年4月6日起适用于我国香港特区，但暂不适用于澳门特区。《名古屋议定书》的目标是公正、公平地分享利用生物遗传资源所产生的惠益，包括通过适当获取遗传资源和适当转让相关技术，同时亦顾及对于这些资源和技术的所有权利，并提供适当的资金，从而对保护生物多样性和可持续利用其组成部分做出贡献。《名古屋议定书》议定书于2010年10月29日通过，于2014年10月12日生效，截至2016年6月底，共有73个缔约方。中国于2016年6月8日加入该议定书。该议定书于2016年9月6日起对中国生效，但暂不适用于我国的香港和澳门特别行政区。

《濒危野生动植物种国际贸易公约》（CITES）是政府间的国际协议，旨在通过对濒危野生动植物种及其制品的国际贸易实施控制和管理，促进各国保护和合理利用濒危野生动植物资源。CITES 每 3 年召开一次缔约方大会。2016 年9—10 月，CITES 第 17 届缔约方大会在南非召开，会议在 CITES 名录原有的31 517个物种的基础上，新增了 304 个物种。在欧盟内部，新 CITES 名录的执行得到了一项最新的欧盟法规的支持，其他国家也出台了类似法律。CITES 名录涵盖了 60 个植物科，最多的兰科下共有 26 567 种，占据了名录84%的席位；位居第二的是仙人掌科，有 1898 种受到名录的保护。

2017 年 12 月 13—16 日，联合国科学、技术与工艺建议咨询机构（Subsidiary Body on Scientific，Technical and Technological Advice，SBSTTA）的政府间科学咨询机构召开第 21 届会议，对 2050 年全球生物多样性发展做出了情景分析，就下一届联合国生物多样性会议提出一系列建议，为实现爱知生物多样性目标奠定了基础，并为实施《2020 年后全球生物多样性框架》做出了准备。同年，联合国开发计划署（UNDP）、联合国环境署（UNEP）和生物多样性公约秘书处共同启动了联合国生物多样性实验室，这是一个旨在解决生物多样性保护和发展挑战的互动交互式映射平台。

6.1.2　美国

（1）植物遗传资源研究

美国对植物遗传资源的保护十分重视，先后启动了国家计划予以长期支持。2017 年 5 月，美国农业部农业研究服务署（USDA-ARS）发布了国家计划《植物遗传资源、基因组学和遗传改良行动计划 2018—2022》，核心任务是利用植物的遗传潜力来帮助美国农业转型，以实现美国成为全球植物遗传资源、基因组学和遗传改良方面领导者的战略愿景，具体做法是通过提供知识、技术和产品，以提高农产品的产量和质量，改善粮食安全及全球农业对破坏性疾病、害虫和极端环境的脆弱性。

计划包含如下四大研究部分：①作物遗传改良。重点研究性状发现、分析和优良育种方法，以及研发新作物、新品种和具有优良性状的强化种质。②植物与微生物遗传资源和信息管理。重点建设高质量的植物和微生物遗传资源和相关信息维护的种质库和信息管理系统，同时开展信息管理方法和实践研究。③作物生物学和分子过程。重点研究植物生物学和分子过程的基本知识、作物生物技术风险评估和共生策略。④作物遗传学、基因组学和遗传改良的信息资源和工具。重点开发相互联系和可搜索的信息资源和工具，以及用于数据分析

和挖掘的生物信息学工具，为作物研究和繁殖提供技术支撑。

计划具体将解决以下问题：①利用最先进的基因库进行保藏，确保美国的植物和微生物遗传资源收集和相关信息的长期可用性和完整性。②识别并填补植物和微生物基因库收集、获取、描述，以及为研究人员、种植者、生产者和消费者提供高质量的遗传和信息资源方面的空白。③通过新颖、高效的表型和基因型方法，设计新的方法来加速从基因库中发现遗传变异的新特征。④为基因重组、有效的特征基因整合、将生产系统信息用于植物育种提供新方法；生产更高产量的多样性作物，具备对水和其他投入利用效率高，以及对疾病、害虫和极端环境等有生长阻碍因素具有遗传抗性等特征。⑤将生物技术和基因工程方法应用于更广泛的作物种类，并开发新的方法来解决它们对生产系统存在的意想不到的潜在影响。

计划增加以下认知：①植物生长和发育的控制，微生物群落对作物性能的影响，在遗传、分子和生理水平提升食物质量和营养价值的方法。②在分子、整个基因组和系统水平上增强对作物与环境因素相互作用的认知；维持良好设计的、内部关联的信息资源与数据库的链接，以有效维护和交付大量的遗传和特征信息。③为数据分析和挖掘开发高通量的表型和基因型分析能力和高效的生物信息学工具。

2017 年 7 月 17 日，美国国家科学基金会（NSF）和美国农业部（USDA）国家食品和农业研究所（NIFA）联合发布了对 27 个研究项目的资助，总经费达1800 万美元，支持开展植物、微生物和其他生物体相互关系的研究。这笔经费来自"植物生物互作"（Plant Biotic Interactions，PBI）计划，由 NSF 整合生物部（Integrative Organismal Systems，IOS）及 NIFA 共同管理。病毒、细菌、真菌和无脊椎动物等生物与植物之间有着包括互利共生、致病或寄生危害等的相互关系。PBI 计划着重揭示控制和促进这些关系的过程。2017 年 8 月，美国农业部与国家食品和农业研究所（USDA-NIFA）投入 3500 万美元用于"特种作物研究计划"（Specialty Crop Research Initiative，SCRI），旨在为农业劳动者和加工者的需求提供高科技解决方案。NIFA 资助的特种作物研究对象主要包括水果、蔬菜、坚果、干果、园艺和苗圃作物，也包括花卉栽培。2017 年 11 月 17 日，美国国防部高级研究计划局（DARPA）宣布启动"先进植物计划"（Advanced Plant Technologies）项目招标，旨在将植物作为下一代的智能信息采集者，开发可靠的基于植物工厂的传感器技术，这些传感器可以在自然环境中自我维持，并可以使用现有的硬件进行远程监控。计划的核心研究是合成生物学，与 DAR-

PA 在该领域的其他工作相似，致力于开发一个高效的迭代系统，用于设计、构建和测试模型，以便最终获得能够应用于多种场景的高适应性平台。

（2）生物多样性研究

"生物多样性维度计划"是一项长期计划，与功能、遗传和系统发育等生物多样性维度相关，为人们快速深入了解生物多样性的建立、维持和失去创造机会。计划将弥补生物多样性研究中的多项空白，具有引领农业、燃料、制造和健康行业发展的潜力。例如，研究人员发现动植物的灭绝有害人类健康；森林和田地等生态系统中物种的损失会导致病原体或致病微生物的增加；随着生物多样性的降低，最有可能消失的物种往往是那些传染病传播的缓冲者。近年来，"生物多样性维度计划"每年都会资助许多研究项目，提高生物多样性研究的深度和广度。

2017 年 9 月 14 日，NSF 宣布 2017 年共有 7 个获资助的生物多样性维度研究项目，以加深人们对地球生物多样性的了解，总资助额度为 1520 万美元，其中，1475 万美元来自 NSF 生物科学部，其余 45 万美元来自中国国家自然科学基金委员会。2017 年"生物多样性维度计划"关注的主题包括：泥炭藓类植物作为生态系统工程师的基因组结构和适应性进化；中美洲和南美洲植物物种形成的生物和非生物（如水和土壤）驱动力，如一个物种分化成两个；确定昆虫如何耐受它们所食植物的烈性毒素。

2018 年 10 月 25 日，NSF 宣布将投入 1800 万美元支持 10 个新项目，研究在地方、区域和大陆等尺度上自然界与气候、土壤和入侵物种复杂相互作用的过程，并侧重于生物多样性的遗传、系统发育和功能这 3 个维度。所有获资助的项目都整合了这 3 个维度，以了解它们之间的相互作用和响应。2018 年获得资助的 10 个项目如下。

①产生和保持跨多个尺度淡水贻贝全息生物系统发育、遗传和功能多样性的过程。项目负责人是塔斯卡卢萨大学的 Carla Atkinson 和密西西比大学的 Colin Jackson。

②美国 – 巴西合作项目（与巴西圣保罗研究基金会共同出资）：巴西干旱对角线地区适应性多样化预测因子特性的研究。项目负责人是哈佛大学的 Scott Edwards、康奈尔大学的 Kelly Zamudio、弗吉尼亚州立大学的 Xianfa Xie 等人。

③萌发生态位的多样性和限制：生物多样性热点持续存在的影响。项目负责人是加州大学戴维斯分校的 Jennifer Gremer。

④将蓝藻水华微生物相互作用作为理解功能生物多样性模式的模型。项目

负责人是俄克拉荷马大学诺曼分校的 Karl Hambright、北卡罗来纳大学教堂山分校的 Hans Paerl、奥本大学的 Alan Wilson 等人。

⑤微生物生物多样性在控制来自土壤的一氧化二氮排放方面的作用。项目负责人是佐治亚理工大学的 Konstantinos Konstantinidis、伊利诺伊大学的 Wendy Yang、诺克斯维尔大学的 Frank Loeffler 等人。

⑥将系统发育学、生态生理学和转录组学整合起来以理解角苔—蓝细菌共生的多样性。项目负责人是博伊斯·汤普森植物研究所的 Fay-Wei Li、加州大学戴维斯分校的 John Meeks、康奈尔大学的 Jed Sparks。

⑦系统发育、基因组含量和功能表现特征在多种甲基细菌群落的演化和组合中的作用。项目负责人是爱达荷大学的 Christopher Marx。

⑧将微生物世界编入自然遗传、生态和功能单元。项目负责人是得克萨斯大学奥斯汀分校的 Howard Ochman。

⑨叶际（phyllosphere）隐藏生命的叶片性状进化的原因和后果：系统发育、功能和基因组。项目负责人是密歇根州立大学的 Marjorie Weber。

⑩有毒藻类水华多样性的生态进化驱动力。项目负责人是普渡大学的 Jennifer Wisecaver。

（3）数据库与研究工具开发

当前，美国正在建设一个新的生物标本目录元数据库，可供研究人员分享、再利用环境和生态分析相关的遗传数据。这个新数据库被命名为基因组观测站元数据库（Genomic Observatories Metadatabase，GeOMe），是由史密森尼国家自然历史博物馆及其 8 家博物馆和研究机构共同开发的。通过 GeOMe，研究人员可以获取在全球任何特殊时间和地点收集的基因数据，使其可以探究地球上生命构成和可持续性等关键问题。通过全球变化来追踪生物多样性是一项协同工作，GeOMe 将推动未来大数据的发现，使科学协作的研究成果总和远远超越个人研究产物。从海洋、淡水或陆地收集到的生态标本，不管是植物、动物或整个微生物群落，都有各自的系统来记录这些标本是何时何地收集的。但对于更广域的研究来说，这些信息很难搜集全面。GeOMe 提供了一个新的解决方案，它将标本收集的时间、空间、环境、地理空间和学术背景等信息与美国国家生物技术信息中心（National Center for Biotechnology Information，NCBI）储存的基因序列数据永久地联系在一起。

2018 年 8 月 30 日，NSF 宣布了"运用基因组工具的探索计划"（Enabling Discovery through Genomic Tools，EDGE）的 11 个新研究项目，将投入 1000 万美

念珠菌具有抗菌活性，植物精油的抗菌作用有望被用于医学和农业领域。澳大利亚拉筹伯大学研究人员发现烟草属的花烟草（*Nicotiana alata*）中含有抵抗微生物感染的特定肽 NaD1。

利用植物作为生物反应器进行化合物生物合成的研究取得进展。德国耶拿大学研究人员对魔术菇（*Psilocybe cubensis*）进行了基因组测序及组装，使这种蘑菇的酶只需要 5 个步骤就能将色氨酸转化为赛洛西宾（药用化合物），而通常情况需要超过 50 个步骤。以色列威兹曼科学院的研究者将生物系统与分子设计相结合，把具有功能的分子通过植物的运输器进入植物细胞，实现植物的功能改造，提供了增加功能性复合材料、实现物料种植概念的多种可能。

重要基因和关键酶的发现扩大了植物细胞生物合成的潜能。美国能源部布鲁克海文（Brookhaven）国家实验室的研究者发现了关闭植物生产油脂过程的关键生物分子———一种被称为 ACCase 的酶，移除该分子制动器可以使植物产油过程高速运作。由英国、巴西和美国组成的国际研究团队确定了参与细胞壁硬化的 BAHD 基因，该基因的抑制可使糖的释放量增加 60%，该研究有望改良反刍动物饲料和提高生物燃料的生产。美国能源部橡树岭国家实验室的研究者发现了植物中产生氨基酸的关键酶的新功能，其参与产生木质素的基因表达，该研究有望释放植物制造生物燃料等可再生资源的更多潜能。日本东京工业大学和东北大学研究者发现了控制藻类中淀粉含量的"开关"，有望实现藻类淀粉大规模生产，藻类淀粉是生物燃料和其他可再生材料的宝贵生物资源，具有替代化石燃料的潜力。

6.2.2　动物资源

基因测序技术促进了动物基因组精细图谱的描绘和动物演化历程的认知。研究者还利用卫星和海洋模型收集数据、使用遗传条形码进行胚胎发育追踪、单细胞编程研究胚胎发育动物，新技术的应用使动物实验变得更加高效而精确。随着干细胞研究的不断突破，干细胞的应用前景不可估量。

（1）动物基因组测序

研究者从动物遗传资源的角度探究动物演化过程、功能特性及制定害虫防治有效方案。2018 年 5 月 14 日，由华大海洋和国家基因库联合发起的"千种鱼类转录组"（Fish-T1K）项目正式宣布构建了迄今为止最可靠的鱼类系统演化树，解答了一直以来鱼类起源和进化研究中存在的争论和难题，是鱼类演化研究史上的里程碑式事件。英国的维康桑格研究所和 EMBL 欧洲分子生物学实验

室生物信息学研究所的研究者通过对 6 种哺乳动物物种中超过 25 万个细胞的基因进行测序，史无前例地探究了病原体入侵初期（先天免疫反应）细胞中被激活的基因，描绘了免疫反应中的基因如何在细胞和物种之间产生不同的活性，以及抗病毒和抗菌免疫的进化过程。瑞典卡罗林斯卡学院的研究人员设法对蝾螈（西班牙有肋蝾螈 *Pleurodeles waltl*）的巨型基因组进行测序，该基因组是人类基因组的 6 倍。这是首次对整个蝾螈基因组进行测序，所得的结果对两栖动物重建大脑神经元和身体部位的能力有了新的发现。西南大学家蚕基因组生物学国家重点实验室联合法国、日本、美国等多国研究机构在全球首次绘制出斜纹夜蛾精细基因图谱，可为其防治提供科学依据。斜纹夜蛾是鳞翅目夜蛾科第一个获得基因组精细图谱的害虫。

（2）动物实验新技术

除了基因组测序，研究者还利用卫星和海洋模型收集数据、利用 CRISPR 技术来追踪胚胎发育及治疗基因疾病、利用单个细胞群编程形成多层胚胎，新技术使研究者可以对动物资源进行深入研究与挖掘。包括澳大利亚在内的国际研究小组利用卫星和海洋模型收集数据，解释和预测了南极海底的生物多样性，这将有助于更好地保护和管理南极的生物多样性。这个模型可为其他海洋地区的海底生物多样性的探测提供借鉴。美国哈佛大学怀斯生物启发工程研究所、哈佛医学院、加州大学圣迭戈分校和伊朗谢里夫理工大学的研究人员开发出一种新方法，首次使用 CRISPR 技术来追踪哺乳动物从单个卵子到具有数百万个细胞的胚胎发育过程。2018 年 6 月 20 日，据 *Journal of Virology* 报道，英国爱丁堡大学的研究者与全球领先的动物遗传学公司 Genus PLC 合作，通过改变猪的遗传密码来抵抗世界上最昂贵的动物疾病之一——猪繁殖与呼吸综合征（PRRS），基因编辑猪的 DNA 改变对其健康没有产生不良影响。2018 年 5 月 31 日发表在 *Science* 上的一项研究中，研究者已经证明，通过对单个细胞群进行编程，能使其自我组织形成多层结构，类似于简单的生物体或胚胎发育的最初阶段。该研究还有助于启发研究者对干细胞进行编程以修复受损组织，甚至建立与身体其他部位和谐运作的新器官。

（3）动物干细胞资源利用

随着干细胞研究的不断突破，干细胞的应用前景被大多数的研究者看好。日本九州大学首次实现了干细胞体外生成成熟卵细胞，加深了人类对卵子形成过程的认识和理解，该成果也入选了 2016 年 *Science* 的十大科学突破。中国科学院动物研究所周琪院士团队全球首次创建一种新型干细胞，即大－小鼠异种杂合二倍体干细胞，为进化上不同物种间性状差异的分子机制等研究提供了有力工具。该团队还发现了大鼠胚胎干细胞也具有通过四倍体补偿实验产生健康个体的能力，证实最高等级的多能性可以在不同物种的干细胞上建立，并发现多能性维持的新规律。剑桥大学的科学家利用两种类型的干细胞及3D支架，成功在培养基中制造出了一种类似小鼠胚胎的结构。美国索尔克生物研究所科学家首次成功培育出人猪嵌合体胚胎，相关论文刊登于 *Cell*。人与动物嵌合体胚胎将能帮助模拟认识许多人类遗传疾病的早期起病过程，并实施药物测试。苏黎世大学脑研究所教授 Sebastian Jessberger 的研究组第一次观察到了神经干细胞分化和新生神经元在成年小鼠海马中整合的过程。英国纽卡斯尔大学科学家以供体干细胞、藻酸盐和胶原蛋白为原料，创造出一种特制的"生物墨水"，并首次采用3D打印技术打印出人眼角膜，整个打印过程不足10分钟。而且，研究表明干细胞可以继续发育。

在干细胞基础研究持续深入的同时，其可用于治疗多种疾病的应用前景也日益显现。我国目前已经拥有多个神经系统疾病的灵长类动物模型（如自闭症、帕金森病和视网膜黄斑变性），为干细胞治疗的应用研究提供了有力的工具。在代谢性疾病、生殖疾病1、眼部疾病、心血管疾病等多种疾病中干细胞疗法也显示出治愈潜力，其临床转化进程不断加快。来自中山大学、四川大学、广州市康瑞生物科技有限公司和美国的研究人员合作开发出一种新的再生医学方法，通过激活内源性干细胞治愈婴幼儿先天性白内障。日本大阪大学研究人员利用人类诱导性多能干细胞（iPS）生成了眼睛的多个细胞谱系，包括晶状体、角膜和结膜。实验证实，这些培育的组织可使失明的模型动物恢复视力。日本研究人员首次利用猴子皮肤细胞产生的 iPS 细胞使5只病猴受损的心脏再生。美国马里兰大学医学中心的研究人员和医生为4个月大的婴儿注射异源间充质干细胞（MSC），帮助治疗其先天性左心发育不良综合征。

6.2.3 微生物资源

微生物资源的挖掘与利用一直是生物技术发展的重要方向。近两年在未知微生物发现方面存在重要突破，人工智能的加入更是加速了这一过程。微生物资源利用的重要方向是利用微生物细胞工程进行生物合成的实现与改进，微生物在人类健康方面的研究也成为近年来医药研究的关注点。

（1）微生物物种发现

近年来，研究者在微生物发掘方面出现重要突破，人工智能的应用更是加

速了这个发现过程。美国芝加哥大学研究人员对海洋的大规模研究表明，负责固氮的微生物除了光合蓝细菌，还包括数量巨大、分布广泛的非光合细菌群落，其中包括以前从未发现其与固氮有关的浮霉菌门（*Planctomycetes*）细菌。该研究团队从 300 多亿个宏基因组短序列中重建了约 1000 种微生物基因组，这是在公海生存的非光合固氮微生物的首个基因组数据库。2018 年 4 月 5 日，*Nature* 报道，中国 CDC（疾控中心）传染病预防控制所的研究团队发现了 214 种全新 RNA 病毒，刷新了科学界对"RNA 病毒圈"的认识，颠覆了现有病毒分类规则体系，揭示了 RNA 病毒的遗传进化规律。这是该团队继 2016 年 11 月 23 日在 *Nature* 发文对 9 个动物门超过 220 种无脊椎动物进行深度转录组测序发现超过 1445 种全新病毒，直接命名了 5 个新的病毒科或病毒目——越病毒、秦病毒、赵病毒、魏病毒和燕病毒之后，又一重要发现。研究团队利用其建立的高度灵敏度的病原体筛查体系，从中国的陆地、江河、湖泊、海洋的 186 种脊椎动物标本中发现了 214 种全新 RNA 病毒。新发现的病毒覆盖了现已知的能感染脊椎动物的所有 RNA 病毒科，其中包括能引起人类重大疾病的病毒科（如流感病毒）、引起严重出血热与脑炎的沙粒病毒科、引起埃博拉病毒病的丝状病毒科、引起肾综合征出血热的汉坦病毒科等。根据 *Nature* 报道，研究者借助人工智能技术发现近 6000 种前所未闻的新病毒，这项工作于 2018 年 3 月 15 日在由美国能源部联合基因组研究所组织的一次会议上提出。研究人员使用功能强大的机器学习算法，以比传统方法快许多倍的速度对病毒进行分类。

（2）微生物资源利用

生物传感器的应用使微生物的胞内和胞外的情况更加直观。美国莱斯大学研究者开发了两阶微生物传感器，基因改造的微生物可产生气体，该微生物混合到土壤样本中，反映周围环境和微生物活动，通过测量从土壤中释放出的气体，为研究人员提供有关微生物的宝贵数据。韩国科学技术研究所（KAIST）研究者开发了一种新型的生物传感器，有利于构建高效的微生物细胞工厂。当一种新菌株细胞工厂被开发出来，该生物传感器可以监测最终产品的浓度，甚至中间产物的浓度。

利用微生物细胞工厂进行生物制造一直是微生物资源利用的重点。德国卡尔斯鲁厄理工学院研究者通过微生物和酶促反应基于木质纤维素合成了糖脂，一类重要的非离子生物表面活性剂。英国邓迪大学研究团队开发出一种利用大肠杆菌将 CO_2 高效转化为甲酸的方法，将该方法用于处理 CO_2，对 CO_2 的封存问题具有重要意义，应用前景广阔。美国华盛顿大学研究人员设计出一种细菌，能够合成品质优良的蛛丝，其所有重要性质都与天然蛛丝相当。美国哈佛大学威斯生物启发工程研究所和哈佛约翰·保尔森工程与应用科学学院的研究者将微生物与半导体技术结合，使微生物能从光中收集能量，提高其生物合成的潜力。研究者还通过对微生物基因组的探究，以求扩大其生物合成能力。美国加州大学研究人员重新构建了数百个非培养和未被研究过的微生物近乎完整的基因组草图，并鉴定了1000多个生物合成基因簇，或为新型抗生素和其他药用化合物开发提供来源。丹麦科技大学研究者利用超深测序研究生物进化对大规模细胞工厂生产的制约，化学品生产细菌主要通过非预期干扰和基因重组突变（而不是较慢的经典点突变），这些突变使非生产细胞更适合发酵罐营养物的争夺。

微生物作为递送机制应用于医药健康等行业也是微生物资源利用的另外一个发展趋势。例如，美国佐治亚理工学院的研究者在 *Nature Biomedical Engineering* 上发文，展示了一种升级版的噬菌体递送系统，通过含有噬菌体的干燥、多孔微粒，将噬菌体送入感染深处。

（3）人类微生物组

2017年9月21日，*Nature* 发表了美国哈佛大学和博德研究所研究者的论文，公布了其检测的1600多个人类微生物样本的宏基因组测序结果，增加了对人类微生物多样性的认识，也标志着"人类微生物组计划"进入第二阶段（iHMP），主要针对怀孕和早产群体、炎症性肠病患者和Ⅱ型糖尿病患者的微生物组和宿主进行分析。科学家对来自265个人的1631份样本进行了分析，揭示了来自人类微生物群落的数以百万先前未知的基因，该研究是有史以来最大的人类微生物组研究，为解释人类微生物的多样性提供了前所未有的深度和细节。

近两年来，越来越多的研究表明肠道微生物与人类免疫反应有着千丝万缕的关系。加拿大卡尔加里大学卡明医学院的研究人员揭示出肠道微生物组中的一种调节促炎性细胞和抗炎性细胞的新机制，证明了肠道微生物组与自身免疫疾病存在关联。美国华盛顿大学医学院和普林斯顿大学的研究人员发现，在肠道上皮内罗伊氏乳杆菌诱导促进耐受性的T细胞产生。法国研究团队发现肠道细菌影响免疫疗法抵抗上皮性肿瘤的效果。美国贝勒医学院和得克萨斯大学休斯敦健康科学中心的研究人员发现利用源自肠道细菌的补充物延缓衰老过程是可行的。

6.2.4　人类相关资源

人类遗传资源是探究人类健康与疾病治疗的重要基础，不管是基因组，还是蛋白质资源和脑资源，都是人类健康研究的宝贵财富。

人类基因组信息可以用于研究人体生理代谢等复杂过程。例如，2018 年 11 月 15 日的 *Science* 报道，英国维康基金会桑格研究所、纽卡斯尔大学和剑桥大学的研究人员利用单细胞 RNA 测序和单细胞 DNA 测序方法，检测了妊娠前 3 个月的子宫和胎盘交界处的 7 万多个细胞，绘制了首个人类早期妊娠的细胞图谱（human cell atlas）。该研究揭示了胎儿细胞和母体细胞是如何通过相互交流，使母体免疫系统能够耐受胎儿生长，最终成功妊娠的。该研究不仅展示了子宫和胎盘间新的、意想不到的细胞状态，还解析了每个细胞中哪些基因参与了该过程的调控。

对于人类大脑的研究是近年来发展最为迅猛的人类健康领域研究之一。2018 年 4 月 20 日 *Science* 报道，日本东京医科大学神经网络研究小组揭示了一种控制脑发育过程中神经元迁移的新机制。中国解放军陆军军医大学基础医学院研究者在 *Science* 发文，首次明确报道丘脑室旁核（PVT）是觉醒维持的关键脑区，并解析了 PVT 作用的神经环路机制。美国艾伦研究所的神经科学家完成了一项迄今为止最全面的大脑研究，将来自大脑皮质、最外层的保护层和大脑的认知中心的细胞分成了 133 种不同的"细胞类型"，这为理解大脑中细胞类型的完整列表迈进了重要的一步。2018 年 11 月 2 日的 *Science* 报道，两位科学家利用先进的成像技术，在 2 mm×2 mm×0.6 mm 的脑块中检测了超过 100 万个细胞，不仅识别了 70 多种不同类型的神经元，而且还精确定位细胞所在的位置及其各种功能。科学家们通过迄今为止对人类大脑进行的最全面的基因组分析，揭示了大脑发育过程中所经历的变化、出现的个体差异及自闭症谱系障碍和精神分裂症等神经精神疾病的根源。这项庞大的研究完成了近 2000 个大脑的分析，解析了大脑发育和功能的复杂机制，由多个机构完成，相关成果公布在 2018 年 12 月 14 日的 *Science* 及其子刊的 11 篇论文中，其中，*Science* 公布了 7 篇论文。

人类的蛋白质被研究者开发用于其他的潜在应用。美国麻省理工学院和意大利那不勒斯费德里克二世大学的研究人员发现，胃蛋白酶原（消化胃内食物的酶）的片段可以杀死沙门氏菌和大肠杆菌等细菌，通过修改这些肽来增强其抗菌活性，有望作为抗耐药细菌的抗生素。美国佐治亚大学研究人员开发了一种新的植物育种方法，通过诱导一个人类蛋白到模式植物拟南芥中，研究人员发现它能够选择性激活植物体内的沉默基因。利用这种被称为 Epimutagenesis 的新型突变技术，可以修改植物中基因开启和关闭方式，以此来改良性状，而不需要从其他亲本那里获取调控相应性状的基因。

6.3 国际前沿技术解析

6.3.1 单细胞 RNA 测序技术

单细胞 RNA 测序技术（scRNA-Seq）是用来分析单个细胞内基因信息的新一代测序技术，不仅测量基因表达水平更加精确，还能测量到长非编码 RNA（lncRNA）及小 RNA 的含量，定量获取单个细胞完整的表达谱。2009 年，汤富酬首次发表了单细胞 RNA 测序技术，随后该技术迅速发展，成为描绘细胞群体中细胞 – 细胞变异性的一种有希望的技术，已应用于早期胚胎发育、组织和器官发育，以及免疫学、肿瘤学等多个领域。

在技术改进方面，单细胞 RNA 测序面临提升分析通量的实际挑战。美国 10X Genomics 公司和弗莱德·哈钦森癌症研究中心研究人员合作开发了基于液滴的新方法，在微流体平台将带有条形码的凝胶珠、指数分子和引物等与油中的单细胞结合，为单细胞转录组研究提供了更具扩展性的平台。美国哈佛大学 – 麻省理工学院博德研究所的研究者在此前开发的单核 RNA 测序技术（sNuc-Seq）和微流体技术的基础上，开发了单细胞表达谱分析技术（DroNc-Seq），能对结构复杂组织的基因表达进行大规模的并行测定，为细胞图谱的系统绘制铺平了道路。美国贝勒医学院的研究人员描述了一种被称为"多重退火和基于 dC 尾的定量单细胞 RNA 测序（MATQ-Seq）"的方法，可以发现基因表达的微小差异，旨在通过提高反转录效率和随后 PCR 扩增子的产生来增加 RNA-Seq 的灵敏度。日本理化学研究所先进计算和通信中心的研究人员通过整合利用多种方法，开发出一种可以对单个细胞的总 RNA 进行全长测序的方法，这种全长测序的能力对于理解单个细胞如何在生物系统中发挥作用非常重要。

在技术应用方面，单细胞 RNA 测序技术主要应用于分析稀有细胞类型的转录组及揭示单个细胞之间的基因表达的异质性，并由此揭示复杂的肿瘤微环境。哺乳动物着床前胚胎的细胞数目相当稀少，人类着床前胚胎的细胞则不仅数量稀少而且珍贵，利用单细胞分辨率转录组分析可以对其进行分析，为理解人类

胚胎早期发育和相关疾病，以及人类胚胎干细胞全能性的分子机制提供了有用的信息。美国哈佛医学院的研究人员对发育中的斑马鱼和青蛙的胚胎细胞进行单细胞 RNA 测序分析，研究结果有助于理解发育生物学中关键的基础问题。北京大学和拜耳公司的研究人员完成了来自 14 例非小细胞肺癌初治患者外周血、癌组织及癌旁组织的 12 346 个 T 细胞的单细胞 RNA 测序工作，为新的免疫疗法提供了有价值的思路。比利时法兰德斯生物技术研究所和鲁汶大学等机构的研究人员采集了数千个健康和癌变的肺细胞，利用单细胞 RNA 测序技术和大数据分析等创建了第一个完整的肺癌细胞地图。

单细胞 RNA 测序技术已经取得了多项显著成果，发表于 *Nature*、*Science*、*Cell* 等国际著名期刊，但仍面临许多挑战。未来从技术本身改进方面来看，研究人员将不断提高检测灵敏度、精确性和信息完整性，提升分析通量和自动化程度。在应用方面，扩展该技术分析内容的范围，此外，对测序结果的准确分析也是十分重要的环节，因此，也需要开发新型分析软件，以进一步完善分析结果。

6.3.2 基因组编辑技术

CRISPR 基因编辑技术自问世以来，突破性进展层出不穷，不仅技术本身不断改进和发展，其应用也在不断深入。例如，加拿大阿尔伯塔大学利用被称为桥联核酸（BNA）的合成分子取代天然引导分子，可以大大提高基因编辑技术的准确性。美国伊利诺伊大学芝加哥分校的研究者首次解释了 CRISPR 基因编辑技术有时无法工作的原因，有助于改进 CRISPR 系统，使其能够更有效地被应用到更广泛的领域。在人类疾病研究和治疗方面，美国哈佛大学博德研究所研究人员开发了成功实现 RNA 单碱基编辑的 REPAIR 系统和对 DNA 进行单碱基编辑的 ABE 系统，且碱基编辑完全没有脱靶现象及额外的 DNA 插入或缺失，弥补了传统 CRISPR 技术的缺陷。此类 DNA 和 RNA 的单碱基编辑可以用作现有的大量潜在治疗手段的补充疗法。研究团队正在探索使用碱基编辑来治疗血液疾病、神经障碍、遗传性耳聋和遗传性失明等疾病，未来有望解决已知的 16 000 种与点突变相关的疾病。

近几年来，CRISPR 基因编辑技术在农作物中的应用已成为农业和动植物学领域的研究热点，为植物学基础研究和农作物遗传改良提供了高效、快速而又廉价的遗传操作工具。韩国基础科学研究所基因组工程中心的一个研究团队使用新的 CRISPR-Cpf1 技术成功地编辑了有助于调节大豆油脂含量的两个基因，这种新的植物基因编辑方法有助于加快作物育种过程。中国科学院遗传与发育生物学研究所高彩霞团队和微生物研究所邱金龙团队合作，利用 TALEN 和 CRISPR/Cas9，首次在重要农作物中建立了基因编辑技术体系，并对六倍体小麦中的 MLO 基因 3 个拷贝同时进行了突变，成功获得了对白粉病具有持久和广谱抗性的小麦材料。最近，该团队与其他研究团队合作又取得了显著成果，运用基因编辑技术精准靶向多个产量和品质性状控制基因的编码区及调控区，加速了野生植物的人工驯化；构建新的单碱基编辑系统 A3A-PBE，成功在小麦、水稻及马铃薯中实现高效的 C-T 单碱基编辑。该体系的建立对实现植物基因组大规模体内饱和突变、研究植物基因功能及基因调控元件作用等具有重要的技术支撑意义。日本筑波大学等机构研究人员首次利用 CRISPR/Cas9 系统敲除 DFR-B 基因，使日本牵牛花（*Ipomoea nil* 或 *Pharbitis nil*）从紫色变为白色，该研究显示了 CRISPR/Cas9 系统对园艺植物性状改良的巨大潜力。

6.3.3　合成生物技术

生物技术在引领未来经济社会发展中的战略地位日益凸显。合成生物学是近几年来迅速崛起的以应用为导向的多学科融合的交叉学科，以此为基础发展起来的合成生物技术在资源、健康、工农业、环境等应用领域发挥着越来越重要的作用，在动植物资源种质创新及特色优异遗传资源挖掘和利用方面做出贡献。

在种质创新方面，美国加州理工学院的科学家在构建了能够生产碳—硅化学键的生命体之后，又首次创造出能生产硼—碳化学键的大肠杆菌，并且这种细菌的生产速度比普通化学反应快 400 倍。迄今为止，自然界中并未发现可以合成有机硼化合物的生物体。这项合成生物学成果使得化合物生产变得更绿色、更经济，同时产生更少的有毒废弃物。中国科学院分子植物科学卓越创新中心覃重军、赵国屏、薛小莉及中国科学院分子细胞科学卓越创新中心周金秋研究团队在国际上首次成功改变了真核染色体的数目，人工创建出含有单条染色体的酵母细胞，成为合成生物学领域的里程碑。美国波士顿大学的科学家团队直接对人类细胞的遗传编码进行操作，将合成的"生物电路"添加到细胞 DNA 中，使细胞完成 100 组不同的逻辑操作。尽管这些改良的细胞目前还没有任何实际应用，但仍展现出合成生物学发展的重大前景，在降低药品价格、清洁能源生产、癌症等疾病的靶向治疗等方面发挥重要作用。美国斯克利普斯研究所研究人员在大肠杆菌细胞 DNA 中，加入了两种外源化学碱基，扩展了生命体的

DNA "语言"。他们开发的新版本 tRNA，可以完成非天然密码子的翻译，且不改变绿色荧光蛋白的形状或功能。在后续的研究中，他们将一对外源碱基对插入抗生素耐药性基因的关键位点中，令耐药性细菌重新对青霉素相关药物产生感应。

在遗传资源挖掘利用方面，美国桑迪亚国家实验室研究人员构建了高效高产的大肠杆菌，可以将木质素转化为化学品，为创建更多的化学品生产平台、工程途径并扩展到大肠杆菌以外的微生物宿主提供了可行的路径。中国科学院天津工业生物技术研究所与云南农业大学合作，首次实现治疗心脑血管疾病的中成药灯盏花素全合成。该研究成果为实现灯盏花素的规模化工业发酵奠定了基础，大幅降低了生产成本，造福众多心脑血管患者。中国科学院青岛生物能源与过程研究所单细胞中心研究人员示范了甘油三酯的多不饱和脂肪酸分子组成"定制化"的工业微藻细胞工厂，有助于生产自然界不存在或稀有的、具有特殊燃料特性或营养功效的"特种 TAG"打开了大门。中国科学院微生物研究所研究团队通过理性设计和组合生物合成技术让微生物直接生产二聚化的白黄菌素，将白黄菌素类化合物的抗菌和抗肿瘤活性提高了 10～100 倍以上（达到纳摩尔级），大大推进了白黄菌素类天然产物药物的研发速度。中国农业科学院研究团队在黄瓜重要农艺性状的关键基因解析，以及优质多抗种质资源创制方面也取得了显著进展。云南师范大学等研究机构利用基因组学和合成生物学为指导，利用二倍体马铃薯进行分子设计育种，革新了马铃薯的育种和繁殖方式，解决了四倍体薯块繁殖的繁殖系数低、储运成本高、易携带病虫害等问题。

6.3.4 动物标本三维重建技术

基于显微 CT、激光共聚焦显微镜、连续组织切片、核磁共振、透射电镜、聚焦离子束、结构光显微镜等成像技术，结合计算机三维重建方法，可以真实而直观地反映物体的空间形貌，越来越多地被应用于动物分类学研究领域。通过三维可视化技术，可以真实、全面地反映动物重要特征的立体结构，从而为物种鉴定提供了全新的视角和更多的可用特征。然而，传统的三维重建技术，很难做到对动物结构的半自动或全自动识别，因此需要大量的人力投入，从而无法快速、全面地开展动物物种鉴定工作。随着深度学习和人工智能技术的快速发展，为动物结构的三维可视化和物种快速识别、鉴定带来了新的契机。通过此项技术，不仅可以快速提高三维可视化的重建速度，也可为后期的动物物种快速识别、鉴定提供可靠的技术支撑。例如，云南大学研究人员发现了迄今为止保存最为完整的早白垩世哺乳动物化石，命名为混元兽，并利用高精度 CT 扫描技术数字化三维重建了包埋在岩石中的化石骨骼，基本上复原了每块骨头的形态特征，由此得出了中国袋兽属于真兽类的新结论，并表明亚洲可能不是有袋类的起源中心。由中国、英国、巴西、瑞典古生物学者组成的团队，在一项最新研究中采用亚微米分辨率的三维无损成像技术扫描了大量标本，在我国瓮安动物群胚胎化石中确认了细胞核结构的存在。这些细胞核距今有6.1亿年历史，是迄今发现保存在化石中最古老的细胞核结构。中国科学院古脊椎动物与古人类研究所联合沈阳师范大学等单位，利用传统形态学比较、头骨 CT 三维重构和分子系统发育等多重方法研究发现一种未描述过的蝮蛇新物种。

动物结构的三维可视化和人工智能大数据平台的广泛建立，将为动物物种快速鉴定提供基础数据源和重要的技术支撑，也对系统发育、个体发育、形态与功能、进化、仿生机制等方面的研究具有重要的指导意义。

6.3.5　定量形态学分析方法

几何形态学是基于图论的定量形态学分析方法，能够给出二维和三维图像的定量比较结果，并且可以与多种数理统计方法相结合，同时能够与诸多生态、分布、生物学、海拔等非形态数据进行联合比较分析。因此在生物多样性认知与进化生物学研究中将有广泛的应用。

长期以来，二维数据是几何形态学分析最主要的数据类型，究其原因，主要与二维数据的容易获得性及分析过程中低计算资源需求性有关。二维数据解决了一些物种认识和进化方面的重大科学问题，但是某些特定领域的科学问题或特殊的形态结构，无法使用二维数据完美解决，亟待大规模、大尺度三维数据的支持。例如，脊椎动物头骨、腿骨等骨骼，昆虫的幕骨、后胸叉骨、生殖器等内部结构，微体化石内部结构等特殊形态结构的研究，仅仅依靠二维数据可能会造成系统误差偏大。X 射线计算机显微断层扫描（显微 CT）、同步辐射和计算机三维重建技术能够在不破坏动植物组织的情况下提供生物样本内外部三维形态信息，与三维几何形态学联合应用，可以给出更为确切的形态学结论。加拿大阿尔伯塔大学研究人员通过高分辨率 CT 扫描发现了 *Megachirella wachtleri* 的骨骼特征，由此揭开有鳞类动物起源的问题，为科学家研究有鳞类进化的过程提供了重要的线索，并首次解决了形态数据与分子数据之间的争议。中国科学院动物研究所研究人员将基于显微 CT、激光共聚焦显微镜技术及组织切片技术的三维重建方法应用于昆虫形态学研究，并取得了重要进展。显微 CT 是最近几十年发展的微型化形式的计算机断层扫描，广泛应用于骨骼研究，同时也是产生非矿化组织三维定量图像的强大工具，可用于研究水生环境和陆地环境中脊椎动物和无脊椎动物的结构。该技术能够对动物软组织、小到单个血细胞或单条肌肉纤维的组成部分进行高分辨率、高对比度的体积成像和切面成像，应用范围很广。同时，该技术也为研究植物内部结构提供了非破坏性精确三维成像和定量的成熟工具。例如，奥地利维也纳大学研究人员利用 CT 扫描仪对欧洲兰花的几何形态进行了研究。美国耶鲁大学植物形态学家利用 CT 扫描仪分析树叶的形状如何受其早期发育的影响。动植物学家希望，通过将生物学新方法与成像实验室的数据结合，为地球上如此丰富的动植物物种形态多样性这个 100 多年前就已提出的问题提供了更好的答案。

目前已研发的针对厘米量级样本（能够覆盖绝大部分生物种类的整体和局部样本）快速获得真三维图像的新仪器——DMD 结构光照明显微镜，将有利于进一步推动定量形态学在动物物种认知与进化领域研究中的应用。

6.3.6　人工智能相关技术

人工智能是研究、开发用于模拟、延伸和扩展人的智能的理论、方法、技术及应用系统的一门学科，1956 年首次提出，近年来迅速发展，理论和技术日渐成熟，应用领域不断扩大。利用人工智能相关技术挖掘和利用新型种质资源，监测和保护生物多样性等相关研究也成为生物资源领域研究热点。由联合国开发计划署（UNDP）、联合国环境署（UNEP）和生物多样性公约秘书处共同启动的联合国生物多样性实验室将采用人工智能进行自动化监测，持续提供可持续发展大数据，以支持与人类健康和地球相关的规划。计算机辅助蛋白结构预测及新功能酶设计策略也得到了前所未有的重视和发展，成为生物学、化学、物理学、数学等多学科交叉的热点前沿领域。2016 年，*Science* 将蛋白质计算设计遴选为年度十大科技突破。2017 年，美国化学会将人工智能设计新型蛋白质结构列为化学领域八大科研进展之首。

2018 年 12 月 4 日，谷歌推出的最新人工智能"阿尔法折叠"（AlphaFold）程序，成功根据基因序列预测出蛋白质的三维结构。该人工智能程序对蛋白质的理解或迎来医学进步的新时代。创建于 2011 年由英国伦敦癌症研究所开发，世界最大的抗癌药物研发数据库 canSAR 革新性收录了缺陷蛋白质的三维结构和癌细胞通信网络数据，这将成为抗癌新药研发的强力工具。新版本的 canSAR 运用人工智能来辨识引发癌症的缺陷分子表面的隐蔽之处和裂缝，这是通过弥补这些缺陷来设计新药的首要步骤，同时为科学家识别可截断的肿瘤细胞信息通路提供了可靠信息，从而为寻找癌症治疗方法开辟了又一崭新途径。美国旧金山湾区几家领先的合成生物学研究机构在美国国家科学基金的资助下，利用IBM公司的 Waston 人工智能平台和其他工具，将植物或动物细胞转化成能够生产新型药物、新型碳中性燃料乃至生物计算机的生物工厂。中国科学院微生物研究所的吴边团队通过使用人工智能计算技术，构建出一系列的新型酶蛋白，实现了自然界未曾发现的催化反应，并在世界上首次通过完全的计算指导，获得了工业级微生物工程菌株，开启了新一代生物制造。美国加州大学与 Transcriptic公司合作完成了被称为"酶类最大的数据集"，做出超过 100 种纯化酶变种的详细动态图谱。归功于标准化，研究团队能够设计出一种新算法，根据酶结构特征预测突变酶的性能。

计算机辅助设计基因电路避免了传统定制方法费力和容易出错的不足，使得研究人员设计复杂遗传电路的过程自动化。现有的工具，包括 Cello、j5 和iBioSim，可以将电路编织成全基因组或设计数千种突变体来检测基因、酶或蛋白质结构域的不同组合，并预测其功能。美国能源部联合基因组研究所在一次会议上提出，研究人员借助人工智能技术发现近 6000 种前所未闻的新病毒。利用功能强大的机器学习算法，培训机器识别具体的遗传物质模式，就可以让人工智能自主分类潜在的感染病毒，该方法比传统方法快许多倍。无独有偶，来自巴西圣保罗大学的 Deyvid Amgarten 使用人工智能识别圣保罗动物园堆肥中的病毒，该研究的目标是了解这些病毒在细菌中扮演的角色，探讨它们是否可以用来改善有机物质快速分解的速度。人工智能的使用开启了人们解决很多问题的新模式，其在科研领域的应用可能会对人工智能在其他领域的应用带来启发。

6.3.7 光遗传学技术

光遗传学是一个崭新的学科，光遗传学技术是整合了光学、软件控制、基因操作技术、电生理等多学科交叉的生物工程技术。受光激活遗传编码的光感受器被用于感知或控制诸如表达靶标蛋白等的分子生物学过程。由于光线易于受指挥和控制，光感受器比化学响应的工具更简单。2010 年，*Nature Methods* 将光遗传学列入年度技术，同年，*Science* 也在十年技术回顾中着重强调了这项技术。美国莱斯大学的生物工程师将来源于淡水光合细菌中的蛋白通路转换成首个工程化的转录调节工具，可被紫外－紫色（UV-Violet）光激活。该光逆转通路可在紫外光下开启，在绿色光下关闭，或反之，这取决于对该通路的最初设

计。新工具在工业方面具有很多应用潜力，尤其是用于药物设计或生产任何种类的塑料中间体等，这些产品需要多种不同酶共同参与生产过程。美国普林斯顿大学的研究人员通过光来增加基因修饰的酿酒酵母产生异丁醇的能力，比先前报道的水平高出 5 倍，该研究为科学家们提供了一个强大的新工具来探索细胞的代谢过程，同时，如果将这一思路运用于其他微生物乃至人体细胞，或可帮助我们开发新的生物合成工艺和疾病治疗手段。

（撰稿专家：卢凡、程苹、周桔、曾艳、马俊才、吴林寰、陈方、刘柳）